MAKING
THINKING VISIBLE

[美] 罗恩·理查德 Ron Ritchhart　马克·丘奇 Mark Church　卡琳·莫里森 Karin Morrison

哈佛大学教育学院思维训练课

让学生学会思考的20个方法

中国青年出版社
CHINA YOUTH PRESS
中青文传媒

图书在版编目（CIP）数据

哈佛大学教育学院思维训练课：让学生学会思考的20个方法 /
（美）理查德,（美）丘奇,（美）莫里森著；于璐译.
—北京：中国青年出版社，2014.8
书名原文: Making Thinking Visible: how to promote engagement, understanding, and independence for all learners
ISBN 978-7-5153-2510-1

Ⅰ.①哈… Ⅱ.①理… ②丘… ③莫… ④于… Ⅲ.①思维训练 Ⅳ.①B80

中国版本图书馆CIP数据核字（2014）第134725号

哈佛大学教育学院思维训练课：让学生学会思考的20个方法

作　　者：[美] 罗恩·理查德　马克·丘奇　卡琳·莫里森
译　　者：于　璐
责任编辑：周　红
美术编辑：张燕楠
出　　版：中国青年出版社
发　　行：北京中青文文化传媒有限公司
电　　话：010-65511272 / 65516873
公司网址：www.cyb.com.cn
购书网址：zqwts.tmall.com
印　　刷：大厂回族自治县益利印刷有限公司
版　　次：2014年8月第1版
印　　次：2024年1月第12次印刷
开　　本：787mm × 1092mm　1/16
字　　数：180千字
印　　张：18
京权图字：01-2013-8568
书　　号：ISBN 978-7-5153-2510-1
定　　价：59.90元

卷首语
FOREWORD

你曾有过这样的经历吗？由于只听到一方的“片面之词”，因此十分好奇完整的故事。数年前，我曾有过类似经历。当时，我正在前往哈佛教育研究生院的路上，途经剑桥公园时，碰巧看到一位男士坐在公园的长椅上，大声冲着手机里嚷道：“我必须这么做！他对我们都撒了谎！他在电话里跟你说了什么？是不是说一切都好让你放心，可事实上就是一团糟！”

我十分想冲上前去询问，“这究竟是怎么回事？”但是又觉得不应该随便对他人的生活指手画脚，便就此作罢。我压抑住自己的好奇心，继续向前走，边走边回忆那位男士说过的话，一到办公室，就把它们记录下来。从那之后，每当我重新翻阅笔记时，就会忍不住好奇那天坐在公园长椅上的男人背后的故事。这件小事告诉我一个道理：假设我们只听到片面之言，那么还有很多东西等待我们去发现。生活中常发生这样的事情，尤其当我们一知半解时。

由此可见，思考是十分必要的。通常情况下，我们并不了解他人的思考过程，仅知道一个结果，譬如一个业已成形的想法、观点或计划。我们常在电话里听到对方说“要是”、“另一方面”、“不过我担心”、“我的感觉告诉我”等等，我们听到的信息有时听起来似乎相当完整，不过事实上却只呈现了一半甚至是一小部分内容，这就是我们常常不得不自问“这究竟是怎么回事”的原因。

这一方法同样适用于我们的思维活动。研究表明，大部分人都不知道自己是如何解决某个问题或得到某一结论的。如果你觉得难以理解，那么不妨以教练为例进行说明。为什么教练在体育训练中保持如此重要的地位呢？一方面，教练掌握了专业技术；另一方面，他们可以从不同于运动员的角度进行思考，因为他们并不需要在思考的同时进行训练，这就是所谓的“当局者迷，旁观者清”。

以上事例清楚地说明了思维透明化对于教育的重要作用。就广义而言，需要将思维过程具体化以便学习者更好地掌握。为此，研究小组提出了质疑、倾听、记录、命名等一系列具体方法以及营造一个积极、和谐和互动的学习环境的总体策略。多年来，我和罗恩·理查德、马克·丘奇、卡琳·莫里森等其他机构的同事一直致力于实现以上方法的有机结合，进而向外推广并不断试验，从而为他人提供借鉴。

然而，这远比学会思考的难度要大。本书的目的不仅包括指导学生学会思考，而且包括引导他们在思考中学习，即把学习和思考结合起来，毕竟“学而不思则罔，思而不学则殆”。为了更好地说明这一概念，我给大家举个例子。我一直习惯于问别人这样一个问题：“大学之前所接受的教育，对你现在的生活有什么重要影响？”有些人觉得很难表达，而另外一些则认为那些有助于他们了解自我、改变自己世界观和行为的观点尤为重要。例如，一位受访者在提及法国大革命时指出，他所看重的并不是革命本身而是它作为理解各种冲突和战争的参照物的作用。我记得另一位受访者曾经提到生态意识，认为它既能够影响个人对政治的看法，又可以指导个人的日常行为。总而言之，每个人在阐述自己重视的主题时，会自觉地从该主题出发深入思考，而不仅仅考察与主题相关的问题，例如以法国大革命为参照理解其他冲突或用生态意识指导自己的日常行为。

从某一角度出发思考问题包含两个重要步骤，因而我们不能只满足于对信息的了解。首先思考一个趣味性强、具有讨论价值的话题，而话题本身能够使学生的理解更加专业和具体。一旦学生熟悉这些观点，它们的意义就凸显出来。与之对应的结果是，举个例子，应用范围就从处理日常关系扩展到考察个人节约型购物对全球变暖的影响。

以上事例同样说明实现思维透明化对学生的重要作用。场景再次拉回到公园的那张长椅：在当今这个复杂多变、矛盾重生的世界里，人们对原有认识的思考越深入，越有可能预测或掌握另一半未知的对话，同时也越容易做好准备面对完整的故事。

大卫·帕金斯

前言
PREFACE

2005年，我和哈佛大学“零点计划”的同事完成了一个为期五年的项目——“创新与智慧”，主要研究学校教育对学生思维能力的培养。该项目设在瑞典的兰姆莎格学院，由瑞典卡尔佩·维塔姆基金会提供资金扶持。我们在借鉴思维习惯和教学环境相关研究的基础上探索出一套思路：将探索学生思维的方法与教师正在进行的课堂实践有机结合起来。最终，这些思路成为我们研究的基础和主要的实践方法，我们将其统称为“思维透明化”。我们将研究成果和具体思路发表在网站上，网址为：www.pz.harvard.edu/vt。

刚一上传，网站的点击率便遥遥领先，它立刻受到其他教师的关注，为我们继续研究提供了宝贵的资源。参与“理解教学项目”的老师将我们提出的思路与教学实践相结合，从而加强与学生的沟通交流。我们的同事莎丽·蒂什曼和帕特里夏·帕尔默则发现这些思路有助于重视与艺术融合的“艺术性思维项目”的发展，哈佛大学教育研究生院的教师也利用这一方法调动学生的积极性，分析复杂概念，还有一些同事甚至将它们融入反思和写作教学之中。我们在一年一度探讨成人学习的夏季会议上发现，主持人也运用这些思路串联会议环节（如运用实验设计法组织专业讨论)。

同时，大卫·帕金斯、马克·丘奇、卡琳·莫里森和我在比亚力克学院开始了“思考氛围项目”的研究。比亚力克学院是澳大利亚墨尔本地区一所提供学前班至十二年级课程的独立学校，由亚伯和维拉·多勒维奇夫妇注资创办。我们研究小组提出的思路是教师探究课堂氛围的影响因素的起点，同时希望教师能够重视营造思考氛围的方法。通过早期研究，我们欣喜地发现只要教师能够认真对待思路问题，他们很快就会发现思考氛围的其他影响因素，而其中起主要作用的是时间、语言、机会和互动(详见第七章)。

在网站上发布后不久，甚至一些不认识的教师都给我们写邮件分享他们的心得并表达自己的愿望：希望我们能够提供更多的思路、课堂教学案例、视频插图以及不同年级和学科教师的实验方案。一言以蔽之，就是为增强思路的有效性提供额外支持。尽管教师们纷纷肯定网站的资源价值，但仍无法满足他们对成书的渴望：书本可以当作现成资源，闲暇时随手翻阅；开会时，能够随身携带并与同事分享；平时方便教师做好相应标记、补充心得。有些教师为了满足上述需求，甚至把全部网页都打印下来装订成册。

这些教师表现出来的兴趣和热情让马克、卡琳和我开始思考如何付梓出版的问题，这也是对网站提供的思维透明化方法的拓展和补充。最初讨论时我们确定了出版需要满足的几个条件。首先，应当考察自2005年提出“思维透明化”这一概念后，我们身为研究员、开发人员和组织者思维的变化情况。不断进行的研究和讨论拓展了我们几人对可视化的认知，因此亟待补充说明，这一点我们将在第二章重点讲解。

其次，我们认为有必要将每位教师运用这些思路开展的教学实验以文字形式记录下来。多年来，我们与成千上万的教育工作者一起从事研究时，就从未停止过对他们创造力的惊叹。我们希望找到一种方法，帮助读者透过设计巧妙的教学活动探究思路对思考和学习的促进作用。随着思路受欢迎程度的提高和应用范围的扩展，我们也注意到许多错误的应用方法，因而希望借此机会帮助读者更好地理解教学环境和思维方法的关系。于是，在设计思路模板时，我们决定重点强调内容选择对形成性评价的作用，此前我们忽略了这一点（思路列表参见第三章）。我们从比亚力克学院的“思考氛围项目”以及相关院校收集教学案例并在此基础上完成了“研究案例”，其目的在于突出每位教师制订、实施教学计划时的想法以及他们对思路的反思（研究案例可参考第四至六章）。

我们写作的另一个目标是确保读者能够掌握思路的使用方法，创新教学工具和明确教学目标，其中教学目标包括提高课堂参与度、探究理解方式、培养学习的自主性，等等。第一章揭示思维的含义，讨论思维在学习方面发挥的关键作用。第二章提出思考是教学核心这一概念并介绍思维透明化的含义。第三至六章系统介绍不同类型的思路，联系案例进行具体阐释，实现了理论与实践的有机结合。第七章，我们将综合前几章介绍的思路以及可视化策略分析三个教学案例，它们分别是：教室里的绘画反思研究、博物馆之行和教师组成的专业讨论小组。这些案例充分说明了思维透明化与思考氛围的关系。最后，第八章是我们的教学心得和笔记，包括教师对思路的探究过程、成功经验、使用建议以及教学启示。

创作过程中，我们一直试图寻找故事的叙事主线，将迥异的课堂教学形式串联起来，从而使教学内容更加丰富。但是，故事并没有在这里结束：我们总能听到各种不同的声音，总有更多的教学故事值得一探究竟。我们与世界各地的教师一起学习、相互借鉴，我们冥思苦想调动学生学习积极性的方法、培养学生思考和理解能力的技巧以及实现自主学习的良策。我们坚信读完本书，必让各位有如沐春风之感；同时，我们也希望你不要吝惜自己的想法，提出宝贵意见，与我们一同探讨实现思维透明化的途径。有鉴于此，我希望各位读者能够融会贯通、敢于创新，把本书的思路与具体的课堂教学有机结合起来，充分利用书本资料。最后也是最重要的一点：充分相信学生的思考能力和自己的教学能力，一定可以取得课堂教学的重大突破。

罗恩·理查德

致谢

ACKNOWLEDGMENTS

本书主要探讨思考习惯和思维透明化的培养途径及其重要性，从而营造一种适用于课堂、学校和项目教学的思考氛围。尽管这一观点容易为大多数人所接受，但是推广起来绝非易事，需要反复试验和不断反思，而其中最重要的一点就是要有冒险和创新精神。总而言之，实现思维透明化既需要个人努力更离不开集思广益，只有在自己经验的基础上联系他人的教学实践才能真正从中获益。借此机会，向一路走来无私地为我们提供帮助的诸位致以最诚挚的谢意。

首先，我们必须感谢亚伯和维拉·多勒维奇夫妇以及比亚力克学院校理事会为项目实施提供的资金支持，他们远见卓识，深刻意识到这些思路对改变学校教育和课堂教学的巨大作用。七年来，他们一直无怨无悔地支持比亚力克学院的教师参与业务学习培训，教师由培训提出的专业观点成为“思维透明化项目”（由卡尔佩·维塔姆基金会资助）和“学术品格研究”（由斯宾塞基金会资助）的一部分，通过与实地考察和课堂教学探索结合最终成为“思考氛围项目”的一部分。同时，他们将对教育的重视由比亚力克学院扩展到了世界其他地区，产生了深远而广泛的影响，并在全球范围内引起了连锁反应。此外，我们还要衷心地感谢美国陶氏化学公司为密歇根州中部的教师提供的教学实践资金，ATLAS学习社区为纽约的教师提供的无私帮助，以及瑞典兰姆莎格·阿科德米中学和阿姆斯特丹国际学校将世界各地的教师聚集在一起分享教学经验。因此，从小处着手、大处着眼，经过大家坚持不懈的努力，必将成绩斐然、殊为可观。

值得一提的是，这些专业观点在学校得到了落实。由于教师任务繁重、课程繁多，执行这些观点颇费工夫。不过很多校领导主动承担了职责，为教师试验教学方法铺路，从而确保思维透明化研究在校园内如火如荼地开展。其中，给予我们最大帮助的当属比亚力克学院的珍妮亚·简诺威，她在本校中心区域为“思考氛围项目”专门开辟了一块研究基地，同时保证教师职工拥有充足的时间定期会面、分享和深入探讨，她对教师业务培训的鼎力支持促进了思维透明化项目的推广，而比亚力克学院的达芙妮·加迪和托斯卡·姆西科两位教授则是将思路引入研讨会的实际领路人。在密歇根州中部，罗德·罗克和婕拉林·米克科瓦克创新改革教学方法，带领一批教师尝试拓展以上观点在该地区公立学校的影响范围，特拉弗斯城的杰恩·莫尔、帕姆·阿尔菲里和朱莉·福克纳真正落实了这些观点，使其成为该地区众多公立学校教学实践的一部分，纽约先锋高中的校长路易斯·德尔加多采纳了思维透明化观点并大力支持本校教师开展相关工作，华盛顿州三叶草公园学校的帕蒂·马克斯菲尔德以及马萨诸塞州马布尔黑德公立学校的贝丝·德拉法奇和保罗·霍华斯则加强他们所在地区的宣传工作，使思考成为当前教学的重要一环；琳达·格斯尔属于最早一批接受思维方法的教师并主动将它们与ATLAS学习社区在美国地区的工作相结合；朱莉·兰德沃格特第一次接触本思路是在2000年，之后便在澳大利亚墨尔本地区构筑了一个学校辐射网，号召本地区的教师共同探讨提升教学能力的方法；在墨尔本文法学校，克里斯·布兰科、艾伦·布利斯和罗伊·凯利三位教师则是将思路与教学相结合的先行者。总而言之，这样的例子不胜枚举。

当我们试图在研究和教学工作中推广思维透明化观点时，不得不为它的适用性之广而瞠目结舌。利用思维透明化观点及相应思维策略，我们发现了将不同学科、组织、语境以及各种类型的学习者结合起来的方法，其精髓则体现在本书的“研究案例”部分。尽管受字数限制，不能长篇累牍，因此只挑选了一部分案例进行讲解，但是借此机会我们希望向其他所有兢兢业业、任劳任怨的专业人士表达最真诚的谢意，正是他们的日常教学和思路改进丰富了本书内容，为读者带来了崭新体验和灵感启发。同时，还要特别感谢比亚力克学院、密歇根州的萨吉诺初中、特拉弗斯城地区的各所公立学校、先锋高中、马布尔黑德公立学校、阿姆斯特丹国际学校、瑞典兰姆莎格·阿科德米中学、塔斯马尼亚州的布莱顿小学、墨尔本文法学校、墨尔本地区的卫理公会女子学校和卫斯理大学等为我们项目提供的大力支持。

谨以此书献给那些高瞻远瞩、对我们研究观点的形成做出重要贡献的人士。我们在哈佛大学教育研究生院“零点计划”的同事大卫·帕金斯、泰丽·特纳、贝卡·所罗门和莉娜·阿尔达基于思维透明化的观点，通过锲而不舍的努力，成功将思路与“思考氛围项目”融合起来。此外，莎丽·蒂什曼和帕特里夏·帕尔默也参与过“思维透明化项目”，她们对最初思路的开发起到了至关重要的作用；史蒂夫·塞德尔、马拉·科什特斯基和本·马德尔在参与研究的过程中使我们对可视化和教学记录的认识不断深化，蒂娜·布莱斯和朱莉·兰德沃格特则从多个方面推进我们对思维问题的看法。

作者简介

罗恩·理查德

罗恩·理查德自2000年起担任哈佛大学教育研究生院“零点计划”项目的负责人。此前，他在美国新泽西州、印第安纳州和科罗拉多州等地的小学到中学担任教师，教学领域跨越艺术和数学。不论作为教师还是学者，他一直致力于培养学生的思考、理解和创造力。他既是作家，又是制片人/导演，曾发表过多篇学术论文并出版多部著作，同时他还负责制作教学视频。

2002年，罗恩在《智力特征》（*Intellectual Character*）一书中提出素质教育不仅意味着考试成绩的提高，而且离不开对学生思考和阅读能力的培养。罗恩以课堂教学为研究起点，揭示了学校和课堂文化对培养学生思维习惯的重要作用，他的研究得到了斯宾塞基金会的鼎力支持。由他提出的小组氛围和组织文化的决定因素现在被广泛应用于识别课堂与课外教学语境下教与学的差异。

现阶段，对罗恩提出的理论和观点的学习蔚然成风，许多学校和组织纷纷把它们与教学实践进行有机结合。自2005年起，罗恩来往于世界各地宣传自己的理论和观点，尤以澳大利亚墨尔本地区最为频繁，主要借助比亚力克学院以及亚伯、维拉·多勒维奇夫妇支持的“思考氛围项目”这两个平台。

马克·丘奇

马克·丘奇从教二十年来一直致力于研究培养学生思考和学习能力的方法。作为一名经验丰富的联络人，他与世界各个地区的学校通力合作，努力为教师搭建教学平台。此外，他还曾在美国、日本、德国和荷兰的小学和中学担任教师。

旅居海外几年后，马克又回到美国参与ATLAS学习社区和哈佛大学“零点计划”下设的“思维透明化项目”，现任哈佛大学教育研究生院“WIDE世界”在线学习课程的讲解员、开发者和指导教师，并参与年度召开的“哈佛‘零点计划’夏季会议”。马克在参加世界教学会议时阐明了自己对思维、学习和理解力的看法并强调打造适合中学生学习的课堂的重要性。目前，马克还担任美国密歇根州西北部特拉弗斯城地区公立学校的负责人一职，此外，他还是哈佛大学“零点计划”下设的“思考氛围项目”的顾问。

卡琳·莫里森

卡琳·莫里森是一位充满热情的教师，她一直致力于研究教师和学生的思考和学习过程，同时充分调动学生的学习积极性，为提高他们的思考和理解能力提供所需的教学环境。现任澳大利亚维多利亚州独立学校协会（ISV）发展中心主任、哈佛大学教育研究生院“WIDE世界”在线学习课程和“思维透明化项目”的指导教师。

卡琳在加强比亚力克学院和哈佛大学“零点计划”的合作方面发挥着举足轻重的作用，最终促成了比亚力克学院“思考氛围项目”的开展，五年来她一直担任该项目的校内负责人。同时，她还长期担任比亚力克学院“教育优化和成就项目”下设的罗森克兰茨中心的主任以及“教与学”项目主任。卡琳长期活跃在世界舞台上：她是2005年在墨尔本召开的第十二届国际思维大会的联合召集人、世界天才儿童协会的澳大利亚代表，曾任维多利亚天才儿童协会主席以及澳大利亚雷焦艾米利亚信息交换中心委员。此外，卡琳还是一年一度召开的哈佛大学“零点计划”夏季会议和在佛蒙特州召开的ATLAS学习社区夏季会议的成员。

目录
CONTENTS

卷首语 …… 003
前　言 …… 007
致　谢 …… 011
作者简介 …… 015

第一部分　思维简介 023

第一章　**思维发散** / 024
超越教育家布鲁姆 / 025
记忆、作业和活动 / 027
提高理解力的8个步骤 / 030
其他思维形式 / 033
揭示学生的思维过程 / 034

第二章　**思考是教学的中心** / 042
教学的可视化 / 044
如何实现思维透明化 / 047

第二部分　思路与思维透明化 059

第三章　思路介绍 / 060

思路的三种作用 / 061

思路的分类方法 / 064

第四章　引入和探讨型思路 / 070

观察—思考—怀疑 / 070

局部—整体 / 079

思考—疑惑—探究 / 086

构想—回应（粉笔教学法）/ 093

3-2-1 关联法 / 100

NEWS定位法 / 106

解构 / 113

第五章　综合和系统化思路 / 121

归纳法 / 121

CSI:颜色、符号、图像 / 128

收集—排序—连接—细化：概念图 / 134

联系—拓展—挑战 / 141

4C：联系—质疑—观点—变化 / 149

模拟实验设计法 / 157

“过去我认为……但现在我认为……” / 165

第六章　深入性和延展性思路 / 173

你为什么这样认为 / 173

环形视角 / 178
角色扮演法 / 185
“红黄灯”法则 / 193
主张—证明—提问 / 199
“拔河” / 206
句子—短语—单词 / 214

第三部分 思维透明化研究案例 223

第七章 实现思维透明化的语境环境 / 224
为反思创造条件——丽莎·沃科克的案例 / 227
为自主学习腾出时间——朱莉·兰德沃格的案例 / 234
形象化讨论——达拉·科恩的案例 / 240
氛围的影响因素 / 246

第八章 教学心得和笔记 / 253
数学课堂推行“思维透明化”的挑战性
——马克·丘奇的案例 / 254
内容 + 思路 + 学生 = 思考氛围
——萨隆妮·布卢姆的案例 / 261
案例揭示的思路应用方法 / 266
思路应用的发展阶段 / 267
常见的陷阱和冲突 / 272
结语 / 278

PART 1

第一部分

思维简介

SOME THINKING ABOUT THINKING

第一章

思维发散

根据《牛津英语字典》的记录，在英语语言里有超过25万个不常见的词汇。如果你想借用这些词汇的准确定义，绝对是一个庞大的工程，这就是“语言的实质”。不过幸好，大部分的人只需了解这庞大单词库中的一小部分即可。据统计，7000个单词就占我们日常用语的90%，那么你觉得“思考（think）”这个单词的使用频率高不高呢？也就是说，每天你在什么情况下会使用、听到或者看到这个单词呢？它在我们日常用语中的排名又如何呢？是位居前1000名还是倒数呢？

根据调查得知，“思考（think）”这个单词就印刷率来说位居第125至136名之间。如果仅把它当作动词，《牛津英语字典》将它列为第12位最常用的动词。因此，它在口语和写作中占据十分重要的位置。那么，在不同的场合下我们怎样区分这个单词的意思呢？我们说这个单词时，别人是怎么理解的呢？对方如何评判我们所谓的“思考”？尽管没有具体数据支撑，但是大家普遍认为课堂教学中“思考”一词的使用频率相当高。我们有时不得不去考虑教师说这个单词时，他们想表达什么意思。而相对地，学生听到这个单词，他们又是如何理解的？这会不会对他们的行为造成影响呢？

作为教师，如果你认为学习是思考的产物，想鼓励学生好好学习的话，那么必须清楚地了解其具体含义。究竟怎样的思维活动能够激励学生、同事和朋友更好地学习呢？当我们询问参与研究的教师“你重视哪种思维方式，并打算在课堂上进行推广”和“课程需要学生怎样思考”这两个问题时，大部分教师都显得不知所措。此前，他们并未认真思考自己的教学方法。一般情况下，教师总是无条件要求学生进行思考，却从未考虑过他们提出这种要求的原因。然而，教师若想真正实现课堂教学的思维透明化，那么首先就要实现自身思维形式、内容和过程的透明化。

超越教育家布鲁姆

当我们询问教师课堂所需思维时，通常都会得到这样的回答，“你指的是布鲁姆的教育目标分类法吗？”大部分教师在上岗培训课程中都接触过本杰明·布鲁姆的教育理论，他提出的教育目标分类法主要研究三个部分，即情感、认知和动作技能，其中认知领域为大多数教师所推崇。布鲁姆按照从简单到复杂的顺序，将认知领域的教育目标分成六个层次，即知识、理解、应用、分析、综合和评估。不过他的这些观点仅为理论，并未得到实验证实。尽管如此，许多教师培训课程仍采用布鲁姆的理论进行思维培训教学。教师需确保提问和教学活动在培养学生“高水平”思维方式上能够起到一定作用，不过通常情况下，这与提高理解力并无关系。

布鲁姆的教育目标分类法对某些思维活动适用，因而可以作为研究思维活动的起点，但他提出的思维具有顺序性和层级性的观点值得商榷。他指出知识先于理解，理解先于应用，以此类推。我们可以从日常生活中找到反例，比如从属于应用范畴的儿童习画。一个小女孩儿正在画画，突然在纸上画出了奇怪的颜色，她很想弄明白到底怎么回事。把画弄成这样小女孩儿很不高兴，于是就不停地画来画去，拼命地想搞清楚原因。爸爸去学校接她放学时，她便告诉爸爸图画课上发生的这段小插曲。由此看来，学习过程中存在思维方式的动态反复。

20世纪90年代，布鲁姆曾经的两位学生安德森和克拉斯沃尔修正了他的教育目标分类学，并提出了新的思维层次和水平。不过，其中思维顺序性的观点得到了保留。安德森和克拉斯沃尔认为学习的六大目标层次分别为记忆、理解、应用、分析、评价和创造。尽管这一观点十分有用，但是一旦作为指导教学活动的固定层次，仍不可避免存在问题。以上这些事例充分说明抛开思考背景和目的来考察思维是毫无意义的，我们必须从思维本身出发提出思维的目标层次，而不能够想当然。例如，我们既能够提供准确细致的描述，也能够大体描述；人们通过简单实验便可得知成败，也可以通过细致的测试检测失败的原因及其局限性；同样，分析也有深入和浅显之分。譬如，收看电视新闻你会对某篇报道有个大概印象，而收听广播、阅读报刊杂志可以帮助你深入地进行了解，从而分析程度的不同便显而易见了。

对某些人来说，布鲁姆及其学生的目标分类学说令人困惑，因为分类并不完全处于同一层次上。下面，我将以理解力建构为例进行说明。自20世纪70年代起，许多研究者和教育理论家开始关注理解力教学的复杂性并发现它与记忆存储之间的差异。一些研究者逐渐提出了深入学习和浅层学习的不同之处。浅层学习注重知识和事实记忆，学习方法依靠背诵，而深入学习注重通过积极主动的思维建构进行理解。现如今，大部分教育学家都认为理解是一个深入且复杂的思维过程，它绝不像修正分类学说倡导的那样，是一个低层次的技能。事实上，在他们看来，理解才是首要的教学目标。

我和“零点计划”的同事从事的研究表明，理解力并不是应用、分析、评价和创造的先导，而是其结果。还以之前提到的习画故事为例进行简要说明，小女孩儿在画画的过程中运用的理解力和观察力是相关思维活动的直接产物。由此可见，理解力并不是思维的一个形式，而是其结果。毕竟，我们无法告知他人如何进行理解或者引导他人将注意力放在理解上。艾琳·基恩在《理解力》一书中指出阅读过程所需理解的复杂性以及提高理解力方法的必要性，詹姆斯·希伯特曾明确提出数学学习所需的理解力与记忆过程有根本差异。

关于理解是思维的目标而非形式的争论同样适用于创造性思维。创造是如何进行的呢？当然，它不是单一的行为，而是包含了一系列的思维活动，我们在发挥创造力的过程中也会做出决定并解决问题。同时，思维创造还包括观念验证、结果分析、以往学习内容的融合和新观点的形成等。创造就如儿童描绘的新色彩，本质单纯；又像苹果手机的新型应用程序，作用巨大；还似能源提炼的全新方法，意义深远。

思维并不是一直静止不动，而是从低级向高级逐层发展的过程。它具有复杂凌乱、变化多端、各部分紧密联系的特点。思考目的与思考内容的关系错综复杂，我们能够从不同的思维方式中找到不同的层次和表现。因此，从思考的目的出发才是我们了解思维的正确方法。教师为何要求学生进行思考？何时思考最有效？思考的目的是什么？本章的余下部分将为大家详细解释这些问题。

记忆、作业和活动

之前通过对布鲁姆教育目标分类学说的讨论，我们知道理解力不是一种思维形式，而是思维的目的之一，而理解力的提高则是当代教育发展的主要助推力之一。理解教学（Teaching For Understand，以下简称TFU）和理解设计（Understanding By Design，以下简称UBD）是当前课程计划的两大工具，有利于教师将注意力放在学生理解力的培养上。假如所有的教师都能以此为目标，努力培养学生的理解力，那是美事一桩，可惜大部分学校和课堂教学都做不到这一点。在高风险的考试环境下，教师总是面临完成教学任务和准备考试的压力。尽管所谓的理解力教学不过是张口头支票，但仍旧存在来自各方的压力。这种压力由来已久。由于学校建立在产业模式之上，因此长期以来学校都将灌输知识和培养技能作为主要的教学内容。

相对于理解力的培养，大多数学校更为关注学生作业和教学任务的完成情况。尽管作业也可以锻炼学生的理解力，但通常情况下教师布置的作业旨在新旧知识技能的检测。课堂则成了“讲解和练习”的场所，即教师在课堂上教授重点知识和技能，然后要求学生练习，这样一来，课堂完全不需要思考。因此，这些教师被问到课堂上所期望学生运用的思路时，才变得不知所措，因为他们布置给学生的作业完全不需要思考。死记硬背并不是学习，仅是训练。

与不需要思考的课堂相反的课堂教学模式为沉浸式活动教学。教师由于错误理解体验式教学和探究式教学的概念，让课堂完全变成了学生活动的课堂。当然，如果课程设计合理，学生也有机会锻炼理解力，但是这种概率少之又少。更多的时候，课堂教学沦为了有趣的活动练习。玩一局“挑战自我”的游戏远比做一页练习题有趣的多，不过学生仍然没有机会锻炼理解力。

活动教学法的核心观点为课程设置的目的是方便教师向学生传授知识，而优秀的教师善于言传身教。马克·丘奇通过自身经历，向我们说明这一观点对他教师生涯的重要影响：

“起初，我是个自信幽默又有些骄傲的老师，学生觉得我的课很有意思，因此都喜欢我，也喜欢上我的课。在我看来，只要让学生快乐地学习，让学生喜欢我的课就完成了任务。我甚至想当然地认为教学不过是教师向学生传授知识的过程，因此应该不断创新教学活动、言传身教、寓教于乐，至于学生动不动脑筋并不重要。只要做到熟谙教学技巧，能够为学生解答所有疑惑，那么我就是一位优秀的教师，一直以来我甚至从未想过要加深对学生的了解和培养学生的学习思维能力。然而，直到我真正开始关注这些，我才成为一名合格的教师，毕竟课堂练习和活动并不等于学习。”

让我们回到本章最初提到的关键问题，“你重视哪种思维方式并打算在课堂上进行推广”和“课堂需要学生怎样思考”。假如课堂上全是互动或者练习，那么教师为了完成教学，就必须给学生布置任务。虽然课堂上不乏教学活动，但思考却派不上用场，其结果就是学生无法真正学习。

下面我们来做几道简单测试题，帮助大家区分沉浸式活动教学和理解力培养教学。首先，请列出学生在课堂上的所有行为和活动（假如你是一位小学教师，那么请挑选一门课程作为代表，例如数学、阅读或写作）。你可以和同事以及年级组的教师一起讨论。下面我列出其中三条：

1. 课堂上绝大多数时间学生在做什么以及一般情况下75%的学生在做什么。

2. 列出与科目相关的课堂活动，仿照科学家、作家、艺术家从事本职工作时的行为并秉持相关工作精神。

3. 思考你在拓展对某一学科领域的理解时做了哪些具体工作。

假如第一条和之后的两条相符，那么你的课堂教学可称作理解力培养教学。但如果这三条内容彼此没有关联，就意味着学生在练习和活动上花费了更多时间，即他们只是学习与课程相关的内容，并没有真正地理解。教师若想切实提高学生对某一学科的理解力，必须把精力放在思维训练上，也就是说应该培养学生解决问题和做出决定的能力以及相关的课程技能，同时努力为学生创造思考机会。例如，科学家要善于提出假说，给予证明，仔细观察和分析解释；数学家要善于建立模型、提出猜想、归纳总结和论据证明；而读者要能够理解作者的意图，学会联想并大胆推测；历史学家应从多元角度思考历史问题，找到相关依据并做出解释；等等。此外，教师应该注意，对学生思维品质的培养不应超出自己的最初设想，这样才能够真正融入教学之中并随时给学生提供指导。

提高理解力的8个步骤

之前我们罗列了一部分思维方式，它们对不同领域（科学假说的提出和验证，历史问题的不同思考角度）都十分重要，那么，我们可不可以用一种思维方式来理解所有学科呢？一种能够帮助我们理解新概念、新观点和新事件的思维方式，它包含在提高学科理解力的方法之中。罗恩·理查德、大卫·帕金斯、莎丽·蒂什曼和帕特里夏·帕尔默试图通过研究找到高水平的思路从而帮助学生更好地进行理解，他们的目的并不是找到理解力包含的思维形式，而是找到能够帮助我们提高理解力的思维形式，即对理解力提高必不可少的思维步骤。最终，他们提出了以下“理解力列表”：

1. 细心观察、仔细描述

2. 解释说明

3. 给出例证

4. 建立联系

5. 考虑不同观点和角度

6. 抓住中心并做出结论

在我看来，这六大步骤能够帮助我们更充分地理解新观点。假如我们想了解一样事物，首先得观察它的组成部分和特征，并完整地进行阐述。因此，学会拆分事物、辨别事物特征也是分析的重要部分。同时，我们要学会做出解释说明。在科学范畴中，我们通常称其为理论和假说，而在数学计算中，我们通常称其为猜想和归纳。为阐释意义，我们要提出论据以支持论点，并努力寻求一个公正、准确、有说服力的论点。对于新事物，我们会利用已有经验将新事物同已知事物进行联系。这种联系帮助我们串联观点，找到新观点同相关研究的适用性。与此同时，我们还要思考联系的实用性，即新观点或新技术的可应用领域。以上这些联系帮助我们检索信息，保证新信息呈动态快速发展趋势。假如只从单一角度看待新观点和新环境，那么你的理解就会受限，甚至有失公允。从不同角度看待问题或接受某个新观点，能够帮助我们更好地理解事物。抓住概念、过程、事件或工作的核心问题，能够确保我们理解其本质——它究竟是什么。因为我们既想了解整体，又想抓住问题的关键。

当然，这些并不能涵盖我们希望在课堂教学中展示的全部思路，不过，它们的确提供了几种行之有效的办法，我们可以以此作为导引。许多教师上课时都尝试令学生意识到思考和思维透明化的重要性，结果他们发现最有效的办法就是展示思考过程，这能吸引学生的注意力，并告知下一步的学习计划。随着学生越来越重视独立思考以及思考过程和方法，他们的元认知能力也得到相应提高。

既然这些思路有助于增强学生的理解力，那么它们对教师备课同样帮助甚大。针对某一板块知识进行学习时，学生应该考虑不同场合所涉及的思路，从而增强自身理解力。如果学生无法积极阐释、证明论据、建立联系或者从多角度看待问题，那说明他们在增强理解力过程中可能存在困难和漏洞。这六大步骤组成的思维过程不仅能够增强学生的理解力，而且可以作为评估理解力强弱的重要方法。瑞典兰姆莎格·阿科德米中学的一位历史老师弗雷德里克·皮特森在查询一篇历史文献时发现，这六大思维步骤正是他要寻找的内容，并将其设定为评价学生理解力的标准。美国阿姆斯特丹国际学校的六年级组决定，如果他们采用思维透明化的课堂教学，那么学生应该更为关注自身思维过程，而不仅仅是考试和测验的成绩。这样一来，所有六年级的学生必须各自制作一本有关思维透明化的文件夹，内含能够证明自己何时何地使用六大思维步骤的样表，年终召开家长会时，将文件夹交给家长翻阅。

既然证明了六大步骤的思维过程有助于理解力的提高，于是我们又增加了两种思维步骤以丰富“理解力列表”。

7. 思考并提问

8. 了解问题的复杂性并深入思考

好奇心和提问在推进式教学中的重要性显而易见。我们知道好奇心什么时候迸发，一旦有了理解和学习的愿望时，我们的参与度就会随之提高。许多教师都很熟悉如何利用提问来激励学生学习，但是随着学生理解力的不断提高，问题层出不穷。我们在学习伊始提出的问题会随着学习的深入而不断变化发展，甚至我们花费大量精力之后，会发现问题比最初还多。不过，这些新问题是对我们理解力增强的反馈，可以说，理解力的深度和深入思考问题的能力是我们不断增强理解力的重要一环。我们并不是简单地接受答案，而是透过事件、故事和观点了解其中的复杂性。正是这些复杂性才使事情丰富多彩、极具吸引力和神秘性，从而吸引我们去学习。

必须再次强调，以上这八个思维步骤仅代表了部分高层次的思维过程，而非全部，我们谨以此抛砖引玉。你们可以思考其他更为有用的思维过程，例如想象、评估、考察原因与结果的联系等，另外，你也可以思考更多的思维步骤以充实“理解力列表”。例如，学会比较不同观点是建立联系的重要一环，而分类是描述和观察的前提。当然，这里我们指的是广义概念，因此与论断、分析和预测的含义相关。

其他思维形式

当然，理解并不是思考的唯一目的，我们思考也是为了解决问题、做出决策以及给出判断，因此在该过程中以上八大思维步骤也会频频出现。同时思考过程也包括以全新的角度看待问题、分析事物结构、举例证明、做出判断、认清实质以及建立新旧知识的联系并加以有效利用。下面列举出的六条是我们尚未提及的重要思路，它们在解决问题、做出决策和判断的过程中发挥着十分重要的作用，这包括：

1. 建立模型和归纳总结
2. 考虑可能性和可替代性
3. 评价论据、论点和行为
4. 制订计划、观察结果
5. 证明、假设和偏差
6. 确立先后顺序、存在条件和已知问题

虽然以上六条思维步骤能够指导思维活动和制订教学计划，但是它们并不涵盖思维方法的方方面面，每一条都可以进行扩展延伸。例如，头脑风暴属于第二条，细心观察属于第六条，而制订计划以指导行动属于第四条，对论据进行评价，能够培养个人的怀疑精神，属于第三条。当看到这六条内容，有人会误以为走进了科学或数学课堂，找到了学习解决问题的方法。在学习科学和数学时，只有细心观察模型并善于归纳总结，才能提出新猜想、新法则和新理论。当然，这些理论和猜想必须经过严格的评估和测试。

如果我们能充分利用以上六条内容和“理解力列表”包含的八个思维步骤，就能更好地理解思维的含义。一旦教师清楚了解想让学生做什么，就可以改善教学计划。我们可以针对个人重视度和期望值，创造更多有利条件锻炼学生的思维能力。了解提高学生理解力以及高效解决问题的方法，我们能够在提问和互动环节中更有针对性，教学效果更佳。既然我们已经清楚地了解思考的意义，那么下面我们将关注点放在实现学生课堂思维透明化的方法上。

揭示学生的思维过程

学校承担培养学生思维能力、养成思考习惯的重任，这对终身学习有益，那么如何分析学生的思维以及元认知意识显得尤为突出。对教师来说，明确所需提高的思维方法是一回事，而对学生来说，认识到思考在提高理解力方面发挥的重要作用又是另一回事。比格在《学生的学习和研究方法》一书中突出强调这种认知的重要作用，他指出：“有了元认知，学生能真正意识到认知资源与任务要求的联系，从而更好地分配、观察和利用资源。”比格将认知活动的自我意识和自我控制称作“元学习”，它属于元认知的一部分。同时，认知活动的自我意识和自我控制也被称作“元策略性知识”，它强调个人对策略性知识的运用以及对个人学习的指导。你的元策略性知识也会随着对思考和学习过程的深入理解而不断加深。

作为比亚力克大学思维培养项目的一部分，大卫·帕金斯、泰丽·特纳和莉娜·阿尔达的研究团队以及本书的作者都对挖掘学生思维过程的显性意识以及思维意识的变化十分感兴趣。随着教师对学生课堂思维透明化的训练，它们也会产生相应变化。研究团队尤其关注学生在学习知识、解决问题和做出决策评价时的思维意识，这类思维意识不仅包括学习技巧、记忆识别和知识回顾，还涉及能够培养学生理解力的不同思维方法。例如，从不同角度看待问题、与原有认识建立联系、提出不同假说，等等。那么，教师如何找到学生探索思维问题的方法呢？学生又是怎样理解思维的含义和过程呢？教师如何开放式地了解学生的反馈和进步而不是强行将其纳入已知类别中？

利用概念图，我们团队研究出一个适用于不同年级的教学方法，教师以课堂为平台与学生讨论思维的含义以及他们眼中课堂应提倡的思路。这样一来，学生的观点得到了支持，同时他们会给予教师正规的反馈。如果你问学生“什么是思考？你说思考的时候，脑子里在想些什么呢？”，他们会给出这样的回答，“我的脑子里会浮现一连串事物”或者“我当时正在做比较”。下面，我就来讲解这一教学方法。首先要求学生拿出一张纸，在中心位置写下“思考”这个词，然后让他们进行发散思维。提问诸如“现在你脑子里在想些什么”这样的问题，这样可以帮助学生将注意力放在思维活动而非行动上。同时，可以举两个学生熟悉的事例帮助他们更好地了解自己的认知行为。

事实证明，这一教学方法很奏效，因此大家可以进行尝试教学。我们研究组的老师一般给学生5到10分钟的时间来绘制概念图，紧接着进行简单讨论。一部分老师在学生完成各自的概念图后，会把学生分成几个小组，要求每组讨论后再绘制一张新的概念图，这样学生便有机会听取他人意见；另一部分老师在学生完成各自的概念图后，会进行全班讨论，然后以班级为单位完成一张概念图，这样可以锻炼学生归纳总结和分清主次的能力。不论学生完成情况如何，教师通过概念图都可以更好地了解学生的想法。当然，每个班级的情况都各不相同，图1.1，图1.2和图1.3依次为四年级、六年级和十年级学生的概念图。

我们团队在研究了三到十一年级学生的概念图后总结出四种反应类型：联想反应、情绪反应、元反应和策略性反应。联想反应指的是那些与思考相关但不能描述或确定思考方法的反应，例如有关时间和地点的思考，“在数学课堂上”“我在旅行途中”“下面会发生什么”以及“我在想什么”等。这些回答无法真正呈现思考的过程或者本质，而是对人物、地点和事件的描述。联想反应还包括对所有思考技巧和思考方法笼统的反应，例如“想法”和“灵感”等。情绪反应指的是思考时产生的情绪，严格上来说也不属于思考。学生习惯使用的情感词汇有不确定、开心和时间限制给我压力，等等。

最初从事这项研究时，我们发现小学生给出的回答中有70%属于联想反应，有10%属于情绪反应，而中学生给出的回答中有50%属于联想反应，10%属于情绪反应。问题在于学生对促进和指导自我思考能力的方法一知半解。如果学生对此一无所知，那么他们的学习效率就会降低，容易产生依赖，学习热情不高，同时缺乏元认知能力。如果你想更深入地了解这项研究，可以参阅罗恩·理查德等人撰写的著作《元认知和学习》（*Metacognition and Learning*）中关于“概念图揭示学生思维过程”的内容。如果你在和学生做概念图训练时，即便发现他们联想和情绪反应的比例过高，也不要担忧他们没有照实回答，因为学生只会回答他们了解的知识而不是错误的内容，出现这样的结果只不过说明该部分学生还没有受到思维意识的训练罢了。

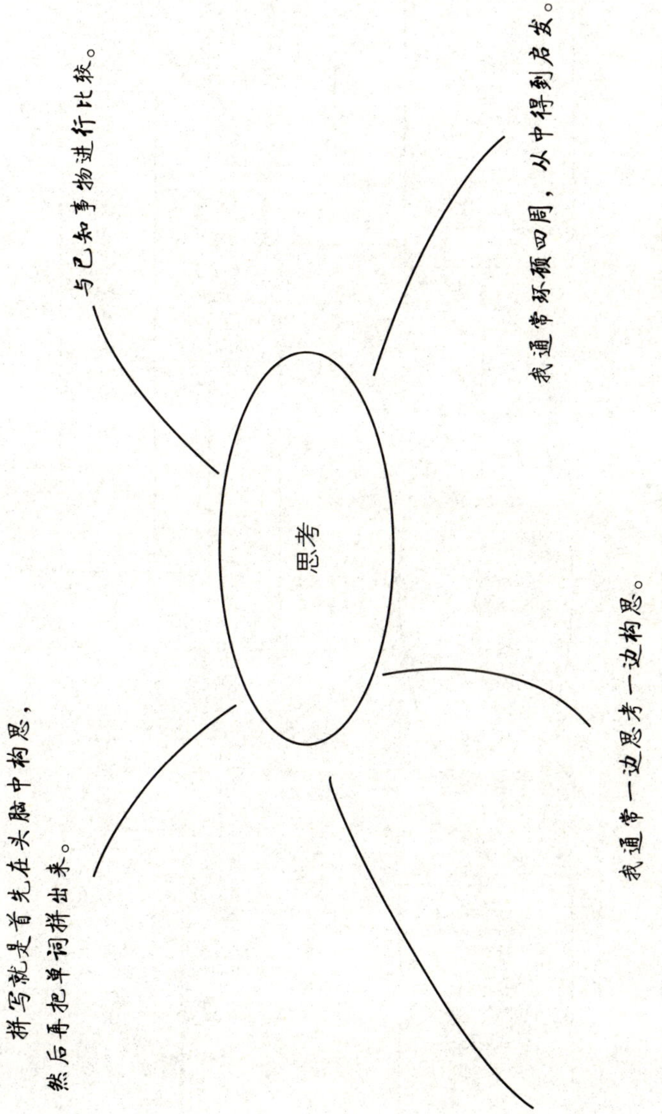

图1.1　四年级学生关于“思考”的概念图

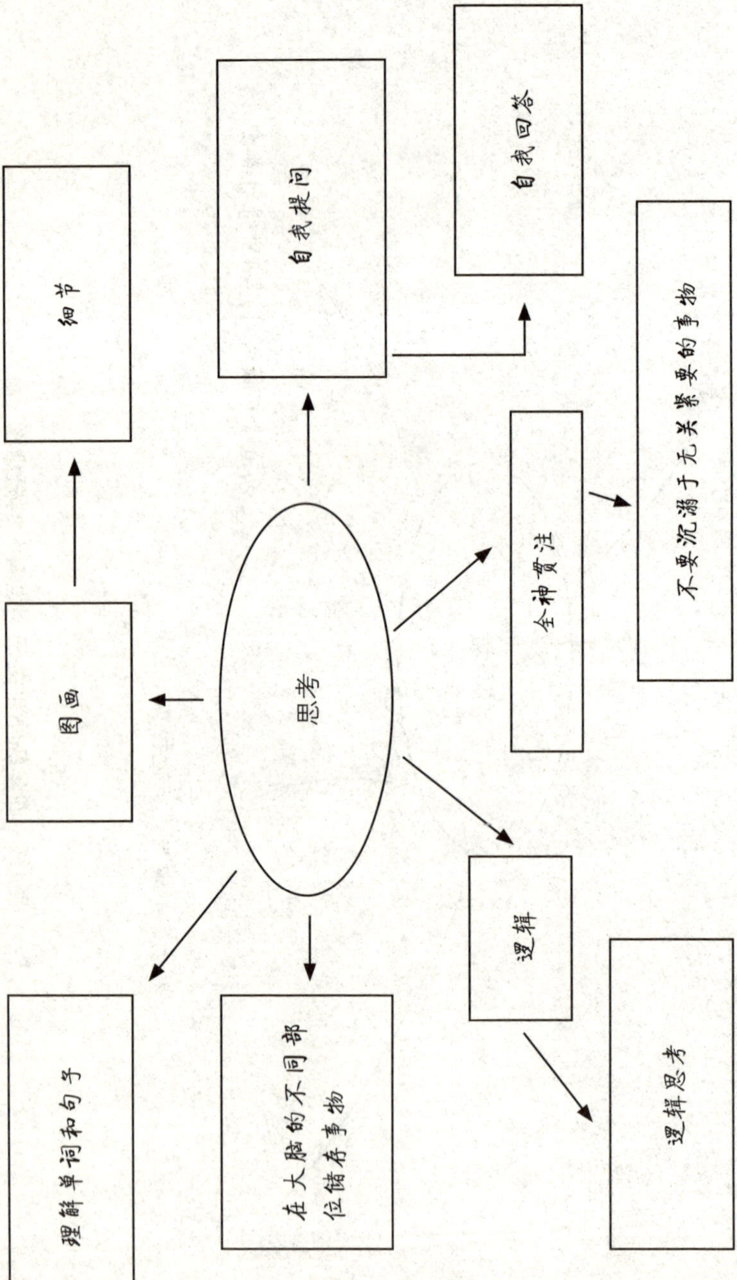

图1.2　六年级学生关于“思考”的概念图

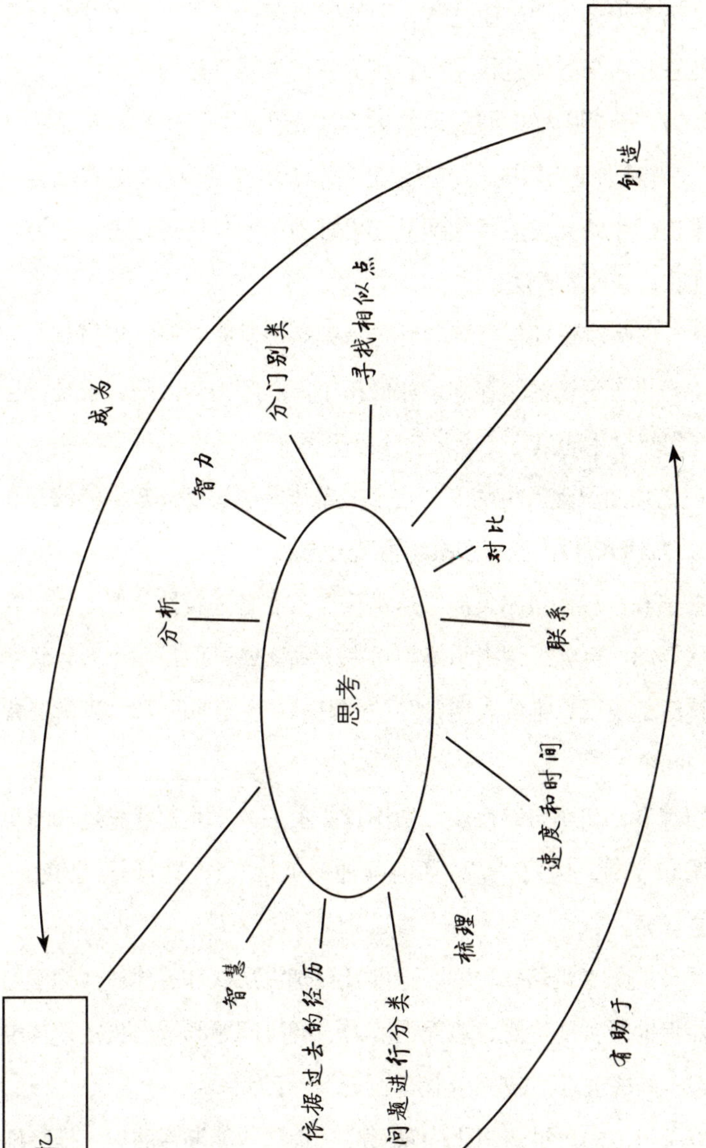

图1.3 十年级学生关于“思考”的概念图

不过仍有小部分学生通过概念图能够表现他们对思维本质的自我意识，虽然看起来与思考过程无关，我们将这种回答称为元反应。它不涉及个人行为，只说明认知问题、理解的本质、知识体系的建立等，例如“学海无涯”“理解力是有限的”和“记忆有助于培养创造力”这些回答。仔细研究本班学生的元反应可以帮助你更好地了解学生对思考、学习和理解目的性和复杂性的看法。

当然，教师真正期望得到的反应是策略型反应，但它相当复杂，因为思维步骤也有记忆并储存知识和提高个人理解力的区别，于是，思维培养研究组将学生的策略反应又细分为四类：

1. 记忆和知识类策略反应。这指的是浅层学习以及知识的储存和获取，例如“查阅资料”和“多次练习”。

2. 普遍和一般性策略反应。这类反应具有普遍特性，但无法反映人们的具体行动。例如，逻辑思维与思考关系紧密，但是一个五年级学生却很难搞清楚逻辑思维的表现，“问题解决”“元认知”和“理解”都存在这样的问题。

3. 自律和动机类策略反应。做出这类反应的学生都清楚地知道思考需要激励和控制，例如“清除所有其他的担忧”和“告诉自己我能行”都属于这一类。

4. 具体的思考策略和过程。这涉及更加深层次和有建设性的学习方法，从而有助于实现价值、培养理解力、解决问题和做出决定，其中包含“考虑不同的观点”“进一步阐述问题”，等等。

本书所讨论的思维透明化问题一般是指那些能够帮助学生提高理解力的特定的思维策略和思维过程，包括能够为教师和学生提供指导的重要思维过程。教师在展示自身和学生的思维过程时，应该关注能够提高个人理解力的教学方法。从某种程度上来说，学生对思维过程的认识越清楚，越能独立地进行思考，从而指导和控制个人的认知行为。那么后面章节所讨论的思维透明化的方法，将对学生的思维过程和策略意识产生怎样的影响呢？作为思维培养项目的起点，我们最初从事的概念图研究发现，不同年级的学生通过对具体思维策略的研究和总结受益匪浅，学生的思维得到了扩展，概念图所呈现的思考内容有所增加，其中小学生、初中生增加了250%，高中生增加了65%。平均而言，抽取的学生样本取得的成果比其他学生高出68%。

思维透明化研究有两大主要目标，一是提高学生的理解能力，二是提高学生的参与度与独立性，这项研究显示本书所介绍的研究方法对学生的学习和思维产生了重要影响。本书涉及的学生思维概念图为不同程度的理解提供了依据，可应用于日常思考和提问。教师在学习本书所提供方法的同时，应该铭记研究目标，并不断寻找新方法帮助学生提高个人理解力、参与度和独立性。

第二章

思考是教学的中心

教师怎样提高教学能力？更确切地说，教师如何把学生教好？在教学中花费的时间越多，这个问题越令我们苦恼。不是因为没有现成的答案，而是因为答案往往显得过于生硬、简单和孤立，这样容易令人误会教学的目的就是完成规定的课程内容。的确，当我们接受教师培训时，总是把关注点放在教学方法上，大学也设有教学法相关课程。从业初期，上课就是为了拼命赶进度完成教学计划，然后总结教学内容未完成的经验教训，这种教学观点得到了家长、学生以及教师的一致认可。在我们眼中，教师培训就意味着教学方法的革新。为努力提高教育水平，政策的制定者必须不断变革课程设置，从而帮助教师更好地完成课程内容，同时学校的教学水平也得到进一步改善。可以肯定的是教师在扩展知识的同时，教学效率和能力都会随之提高。

“在我看来，传统的教学观点仅满足于完成教学内容，显得过于简单。同时由于它将注意力放在教师而不是学生身上，使学生处于一个被动的状态，老师教什么，学生学什么，因此存在不少问题，其结果导致大家将评估的重点放在学生对教授内容的吸收程度上。这样一来，错误的教学观点得到不断强化，与高效学习渐行渐远。教学效率的评价标准建立在学生对学习内容的吸收程度上，教学被定义为传递学习内容的工具。教育的目的彻底扭曲，教师更重视培养优秀的“考试机器”而非成功的学习者。结果，教师培养教学能力成了掌握教学内容和培养教学方法，因此教师更倾向于学习好的课堂管理技巧来减少学生的消极反抗情绪。

相反，假如我们将学生置于教学的中心位置，那么教师地位的根本性转变会深刻影响我们对教学的定义。以学生为中心的教学使教师从知识的传输者转变为学生思维能力的培养者，我们不再以课程教学和教学内容的完成情况评判教学的成功与否，而是学会识别期望学生参与、思考、质疑、探究的关键问题和概念，并最终培养学生的理解能力。教师应该在重视课程设置的复杂性、合理性的基础上，以实现教学内容浅显易懂为教学目标。通过对重要问题和原因的深入思考，学生能够了解怎样学习才能对个人产生巨大而深远的影响，因为“授之以鱼不如授之以渔”。

第一章我们曾提到在马克·丘奇看来，深入理解教学内容是教师提高教学能力的关键，这一观点得到了大家的认可。从重视教到重视学是教师自身成长的一个重要标志，同时也是作为一名优秀教师所必不可少的条件。我们不能将学习看成一个被动接受知识的过程，而应该是积极思考和意义建构的结果。由于教师重视学生的学习过程和理解力，因此教学存在两大主要目标：(1)为思考创造机会；(2)实现学生思维的透明化。尽管目标不尽相同，但它们相互协同、相互依赖。教师在为学生思考能力的培养创造机会的同时，也应为学生思维透明化创造条件并满足需要。

大卫·帕金斯在《聪明的学校》(*Smart Schools*)中指出教师多为学生提供思考机会的重要性：“学习是思考的结果。学生只有不断思考所学知识，才能记住它、理解它，并加以运用……要知道，知识来自于思考。

只有不断地思考所学内容，我们才能真正地掌握它。”因此，思考是学习的中心，而不是学习的补充，显得无足轻重。作为教师我们必须意识到，假如我们减少对学生的提问，那么我们就是在浪费学生的学习机会。不过，即使教师能够提供思考机会，学生的思维过程也不易呈现。思考不是偶然的，它为教师提供所需信息以便应对学生的学习需要，同时，教师应努力实现学生思维的透明化。

教学的可视化

实现思维的透明化（即可视化）为教师真正了解学生的思考内容和思考方法打开了一扇窗，它可以帮助教师了解学生的见解和错误，同时为教师进一步规划学生的学习进度创造条件，方便学生继续探索学习观念。只有当我们了解学生的所思、所想、所感，才可以更好地参与和帮助学生进行理解，这样一来，实现学生思维的透明化便成为有效教学的一个重要方面。

哈佛—史密松天体物理中心有这样著名的记载：由于当时教师不注重思维培养，导致即使是那些站在科学最顶端的学生也对科学存在肤浅的认识和根深蒂固的错误观点。在名为《我们自己的思维》（*Minds of Our Own*）的视频集锦中，一位教授高等化学的老师说：“我不喜欢考‘为什么’的问题。我花了很长时间才搞清各种概念，结果一给学生提问就会得到五花八门的答案，有些回答还让我倍感挫折。尽管学生的答案有很大的研究价值，但是作为一名教师有时听到学生对某一科学现象原因的回答仍旧令人沮丧。”这位化学老师不是傲慢，更不是冷漠，他只是在表达自己出考题时面临的窘境。他明白学生并未真正地理解课程内容，但在一般教学过程中，教师只重视对考试内容的讲解，以致无法了解学生的思考过程，形成了一种学习的假象，误以为考试分数就是学习的证明。不过，我们无法苛责这种普遍存在的现象，因为世界各地的老师都存在这种误解（Schwartz，Sadler，Sonnert&Tai，2009）。同时，这也让教师错失了纠正学生错误观念从而提高其理解能力的机会。

而我的同事负责哈佛“零点计划”下设的因果关系复杂性研究项目，蒂娜·格洛特找到了一系列纠正学生的错误观点的科学研究方法，揭示学生的思维过程并进行思维重组。例如，老师在做密度实验时，将长短不一、直径相同的两根蜡烛放入两个盛有液体的容器中，结果短的那根浮了起来，而长的那根蜡烛却沉了下去。实验做完后，老师要求学生填写观察记录并解释现象出现的原因，从而帮助学生利用已知的科学知识做出解释。这样，通过语言和绘图，老师从一开始就可以了解学生的思维。之后，老师将两根蜡烛取出来并交换位置，这次学生却惊奇地发现长的那根浮了起来，而短的那根沉了下去。同样，学生需要填写观察记录并解释这一现象的原因，然后交换意见，讨论这两个简单实验的变化。随着讨论的展开，学生逐渐意识到尽管两瓶溶液看起来一致，但事实上却有所不同。这里的浮沉现象不存在简单的线性因果关系，它取决于液体和放入物体的关系。

随着冲突和意外事件的发生，学生的思考过程不断暴露出来。这样一来，科学老师在运用因果关系的复杂性项目所提供的方法时，能够及时了解学生理解力的变化，给予学生更好的指导。同时，教师应以学生的新观点作为课堂讨论、分析和完善的对象，让学生对提高自身理解力负责，而不是仅仅要求学生记忆考试内容。因此，思维透明化不仅能够为老师提供评估方法，而且能够帮助学生提高理解力。

思维透明化的意义远不止于此。教师要想弄清学生的思考和学习过程，一般会提供思路，告诉学生思考和学习的正确方法，从而推翻学习就是记忆课本知识这一错误的观点。上课不等于快速回答问题，而意味着思考新观点和新知识。前苏联著名的心理学家维果斯基十分强调社会文化环境对学习的重要作用，他指出，“儿童的发展与周围的智力环境密切相关”，这对教学有着良好的启示作用。教师应审视自己究竟为学生提供了怎样的智力环境，学生在这一环境下又是如何学习的，教师在向学生传授学习意义和学习方法时又是怎样表达的。

我们在学习的过程中离不开借鉴和参考。我们首先观察别人的做法，然后进行模仿。培养学习和思考能力的过程同我们学习跳舞和打篮球的过程相似，我们在尚未见过优美的舞姿之时就会幻想成为一名优秀的舞者。初学者通过模仿高手的精湛技艺，找到适合自己的方法。而学习过程也是一样，学生首先观察教师的思考和学习方法然后模仿，从而进行学习。在提高理解力的过程中，学生需要观察和倾听他人的观点、见解和提问，了解他人是如何制定、观察和验证思考方法的。学生应意识到大家都会犯错，有时学习就是从错误中吸取教训。

善于思考和学习的典型事例的重要作用就是要让我们理解教育绝不仅仅是在传授知识。素质教育的目的是培养学生的思考习惯和思维能力，它可以帮助学生有更好的课堂表现，将来也能从中受益。因此，教师应运用自己对思维的理解以及期望学生形成的思维方式，帮助学生辨别不同思考类型的主要特征和背景，以便给出思考的定义，并不断观察、加以强调。作为教师应辨别出那些能够提出新观点、新理论和新猜想，并给出解释、建立联系和构建模型的学生。

给出定义和不断观察是完成特殊思维活动的关键环节。艾琳·基恩指出，只有当学生给思维过程下了定义才能真正地掌握它。我们越重视思考，越能真正发现它的用途和效果，而对思考背景的认知是思维能力形成的基础。首先，我们必须为思考创造更多机会，这样才能充分发挥自己的能力。假如我们不会观察，那么自身的技能和知识都派不上用场。作为教师，我们希望学生不仅能思考而且会思考。思维过程透明化能够为思维品质的优化提供基础。一旦教师开始观察和定义思维，就意味着思维透明化过程的开始，那么教师和学生会更加关注思考，这有利于形成良好的思维习惯。实现课堂思维透明化能够让思维过程更加具体和真实，我们可以谈论、探究、促进、挑战并从中获取知识。

丽莎·沃科克是美国阿姆斯特丹国际学校五年级某班的教师，她将定期观察、评价学生的思考过程看作学生学习状况的一种反馈。在她看来，教师不能只对功课完成情况良好的学生进行口头表扬，却不给出具有实质意义的评价。因此，丽莎在教学过程中重视培养学生关注自己思维过程的意识。例如，班里两名学生在观察了难民生活状况的照片后，真正理解了他们的困难，她一般会给学生这样的反馈："你们能利用已有知识和信息来解释照片的内容，这点值得表扬。同时，观察得也非常仔细，并且能够提出论据来证明自己的论点。"这种类型的反馈让学生清楚地了解什么叫作正确的思考过程，方便他们在今后的学习中加以运用。

如何实现思维透明化

思维透明化的过程充满挑战，因此作为教师首先就要清楚地了解思维的含义，同时学会分析和观察思维透明化问题。此外，我们还需提前准备好问题，然后向学生提问，并不断为学生创造思考机会。不过，我们必须认识到思考是一个内在过程，具有隐秘性，有时即使学生的思考过程出现了，也不容易发现。我们将在本章的剩余部分向大家讲解实现学生思维透明化的方法，这包括提问、倾听和教学记录练习。

提问

学会提问一直是教师关注的问题，尤其当它同学生的思维和学习挂钩时。开放性问题是相对于封闭性问题和单选题而言的，它考察的是学生的理解力，而不是知识和技能。我们第一章讨论的布鲁姆的教育目标分类学说，可以帮助教师想出更好的问题，也就是说教师应该先不考虑知识层面，而将注意力放在应用、分析、综合和评价上，这样可以帮助教师为学生创造更多的思考机会。但是，很多老师都觉得提问高水平的问题让他们感觉不自在，更重要的是自已常常没法在第一时间给出答案。即使老师想好了问题，也不会像我们预期的那样花很多时间让学生做思维训练。尤其是当老师想找到一个固定答案时，学生只需要猜中老师的想法即可。

当然有个更为灵活的办法，教师应该从以下三个角度来考虑提问的方法，它们分别是：(1) 从正在探讨的观点中找到兴趣点；(2) 帮助学生培养理解力；(3) 有利于启发学生独立思考。基于以上三点我们将教师的教学目标分成：提高课堂参与度、培养学生理解力和帮助学生进行独立思考。而现实中正相反，教师在课堂上提出的很多问题都是为了检验学生对所学内容的记忆程度，因此此类问题并不能测试学生的观点，而只是帮助他们复习所学知识。

寻找兴趣点

教师为营造良好的课堂气氛、提高学生的参与度，一般会向学生提问真实性问题，其中真实性问题指教师不能给出确定答案的问题或没有固定答案的问题。

这类问题可以帮助学生和老师消除隔阂，营造良好的提问气氛。美国科罗拉多学院丹佛校区的代数老师约翰·思雷尔克德是这方面的专家。罗恩·理查德曾花费一年的时间观察他的上课情况，发现他的开堂语十分与众不同。譬如，他会说：“我不确定昨天使用的模板是否会出现在本单元的其他地方，你们怎么看？”或是：“昨天，艾米找到了解决这个问题的好办法，不过我不确定这个办法是否一直有效。”马丁·尼斯特兰德和同事所从事的研究证明，虽然教师一般都不会在课堂上提问真实性问题，但是它对提高学生课堂参与度、形成批判性思维和优化课堂表现有积极意义。同时，真实性问题在本质上就等于生成性问题，它能帮助学生多提问，将学习看成是一个复杂、多面的公共活动，而不是简单的知识积累。因此，生成性问题能够提高学生的学习积极性。

问题本质上也属于生成性问题。凯西·哈那瓦尔特是美国华盛顿州三叶草公园高中九年级某班的人文老师。在课堂上她总会提出一组根本性问题要求学生回答，从而帮助他们了解历史和文学中具有真理性、透明性和普遍性的根本问题。她会在白板上挂一张写有五个问题的图画纸，这五个问题依次为：这个故事讲述的是什么内容？故事发生的背景又是什么？你是怎么知道这个故事的？为什么想要知道/讲述这个故事？听了这个故事有什么启发？凯西将这五个问题看成课堂教学继续深入的起点。最初课堂上出现这些问题时，学生特别关注第二个问题，这样他们不仅能够了解故事本身，而且对故事发生背景也有更深刻的认识。现在即使是讲述最新报道，学生们也习惯考察故事发生的背景，这逐渐演变成了学习过程中根本性和生成性的问题。在凯西的课堂上，通过阅读历史、时事和政论，学生明白要想弄清人物和事件，必须对故事发生的背景有深刻的了解，结果大大提高了学生的学习积极性和课堂参与度。通过提问，学生意识到历史背景对学习历史的重要作用。

不只教师会提问真实性问题，学生也会这么做，这意味着相较于完成任务，学生更关注学习本身。真实性问题可以帮助学生锻炼智商。美国怀俄明州一所中学的科学老师保罗·克里普斯认为，学生提问是检验他们学习情况的最佳工具，他指出：“评判一个学生的成绩不应以他对问题的回答情况为依据，而应考察他们所提出的问题。”在约翰·思雷尔克德的课堂上，罗恩常常听到他说“这个问题提的好”，于是罗恩便向他询问对好问题的评价标准，他会立刻回答道：“对我来说，能让包括我在内的所有人一起思考的问题就是好问题。”通过倾听学生的提问，教师能够大概掌握学生的思维情况，比如：学生在考虑什么问题？疑惑在哪儿？他们又是如何建立联系的？这个问题怎么解释呢？一旦有一个学生说明了自己对问题的理解或疑惑，就会产生连锁反应，充分调动班里其他同学的学习积极性。

培养理解力

最近，我们团队在研究思维培养项目调研收集的教师提问情况时发现：一旦教师开始重视课堂思维透明化，那么他们的提问内容也会由复习题向建设性问题转变。建设性问题是指那些可以增强理解力的问题，它要求学生连接知识点、解释问题、关注重要问题和核心概念并拓展思维，等等。研究过程中，我们遇到两位初中的数学老师乔·鲍尔勒和卡琳·波特狄，他们指出，建设性问题不仅有利于激励学生思考，而且能够通过数学模型指导学生学习。附加题是为检验学生高水平的思考能力，复习题是为评估学生对已知知识和记忆内容的掌握情况，而建设性问题是为帮助学生完成课程目标，指导他们抓住关键问题和正确方向，同时提高学生对重要观点的理解能力。

斯蒂芬妮·马丁是美国阿姆斯特丹国际学校一年级某班的老师，课程有一单元教授的是五官知识，它的教学目标之一就是要让学生建立感官与对象之间的联系。有一节课，斯蒂芬妮要求学生感觉黑箱里的物体，然后大声地说出物体特征，于是学生给出以下描述：物体黏糊糊的、很柔软、边缘光滑、存在边角等。之后，斯蒂芬妮要求学生进行猜测并解释原因："仅凭触摸，你知道黑箱里是什么东西吗？""你不能确定的是什么？""令你疑惑的又是什么？"表面上看，这些问题似乎并不复杂，可一旦学生想深入探讨斯蒂芬妮提问的原因，就会发现问题很难回答。每一处感官给你怎样的信息，你如何处理这些信息？假如不提这些问题，猜物体最多是个游戏，学生学习不到什么知识。

美国加利福尼亚州硅谷地区一所中学的代数老师凯茜·汉弗莱经常向学生提问，她的目的是确保学生的学习过程不只是死记硬背，反而能更加关注基础数学。她花了整整两节课的时间研究建设性问题：为什么$2(n-1)$等于$2n-2$？凯茜让学生解释这个等式正确的原因，并说服对此持怀疑态度的人："如果你想证明这个等式永远成立，你会怎么做？"凯茜的目的不言而喻。虽然之前学生没有正式学习过分配律，但她也不想帮学生复习，而是希望学生注意数学运算中括号的作用，这里的未知数也可以进行运算。同时她要求学生验证等式，而学生只需用数字替代未知数n，就能了解等式是否成立。尽管这种验证方法非常有效，但是却不能作为证明，所以凯茜要求学生在验证过程中保持怀疑态度。安东尼老师是这样向学生解释的："在这个等式中，你进行了两次$n-1$的运算，然后将两个式子相加，结果与$2n-2$是相等的。"

以上两个事例证明，建设性问题能够培养学生的学习能力，同时为学生提供有助于理解力提高的根本观点和原则，尽管提问对老师来说是一种苛求。每一步的思路都能帮助学生提高理解力并实现思维透明化，我们将在本书的第二部分重点讲述思路问题。譬如我们前面提到过的斯蒂芬妮·马丁，她将"观察—思考—怀疑"的过程变成"感觉—思考—

怀疑”。她最初提出的问题是“当手触摸到那个黑箱的时候你有什么感觉”，这要求学生通过感觉物体从而做出描述，而“你对当时的感觉有什么看法”这一问题要求学生更加关注对可能性的探讨和解释。最后斯蒂芬妮问的是：“当你面对盛有物体的黑箱却只能依靠触摸来猜测，你有什么想法呢？”等你在本书第二部分看到其他思路时，就能更清楚地意识到作为一名老师应该引导学生探讨和理解具体观点和概念。

思维的启发和阐述

研究小组发现“你为什么这样认为”是一个常用问题，许多教师都将这个问题融入与学生的互动之中（参考第六章）。比亚力克学院的教师已经建立起专业的学习社区，这也是思维培养项目的一部分。该学院的一位老师告诉我们，在她眼中，“‘你为什么这样认为’不仅是一种教学工具，更是一种生活方式”。这一问题不仅能够帮助她学习更多的知识，而且在与朋友和家人的交流时有利于深化讨论内容，因为她不必马上给予回应。学院的教师们一致认为这个问题符合学生的口吻，有助于学生详细阐述自己的观点。尽管“告诉我为什么”或“请告诉我这样回答的理由和依据”也具有相同的效果，但是却无法真正引起学生的兴趣。

这个简单却有力的问题是启发和阐明学生思考过程的最好例子。教师提问启发性问题的目的是了解学生的思维，进入他们的世界，最终实现思维透明化。同时，学生和教师换位思考是教学改革的必然结果，以便教师做出学习指令。

吉姆·敏斯特尔曾是美国华盛顿州默瑟岛高中的科学老师，现在负责科学课程的研究。他的研究目标是揭示学生思维过程，研究适合自己的教学方法，同时总结他在高中任教期间的提问互动方式。他将自己用来启发和阐明学生思考过程的问题定义为“反应异议”，一般情况下，课堂言语特征源自教师的提问，然而，吉姆却将学生的意见和观点看作对话的起点。在反应异议中，教师首先要了解学生的意思，弄清他们的意见，如果不能马上理解学生的意思，就再提一个问题，譬如“你能再描述一下吗？”或者“我不太明白你的意思，你能换种说法吗？”教师一旦明白了学生的意思，就会进行反问，要求学生进一步阐明和解释自己的想法。例如，吉姆可能会问学生“当时说明什么？”“你的依据是什么？”，或者提问那道备用题，“你为什么这样认为？”

相较于一般问题、回应和评估模式，顺序提问明显具有巨大优势。教师提出问题，由学生负责回答，从而阐明自己的思维和想法，增强理解力。学生不再被动地接受知识，而是积极地培养理解力。英国研究员道格拉斯·巴恩斯主要研究语言在塑造学习方面的重要作用，他指出“学习者的出声思考能力越强，越有助于他提出解释性假说并给予评估”。

倾听

罗恩·理查德想起自己过去做数学老师时的一段逸事。每到一所学校，他总是不自觉地想起这段逸事，他说：“以前，每次我上数学公开课，就有很多同年级组的老师来听课。之后，他们会模仿我的上课方式教导本班学生，并在教研小组内交流经验。结果，在我之后上课的老师常告诉我‘你在课堂上提的所有问题，我都仔细记录下来，可是等到自己上课的时候，学生给我的反应却不如你上课时那么热烈’。和我一起工作的其他老师也有相同的困惑，所以我才决定研究这其中的原因。”

事实上，针对课程的重点内容，每位教师都会问学生相似的问题，这些问题在本质上都属于建设性问题。但是，学生要么回答得太简短，要么就是揣测教师的想法，却很少从数学角度思考问题。不过，罗恩在各班上公开课时指出这不是学生的问题，他还发现假如学生的回答与教师的想法相去甚远，教师常常不知道该怎么回应，因此就跳过这个问题继续上课。在罗恩看来，“提问是一回事，倾听学生的答案又是另一回事”。其他数学教师由于尝试使用陌生的教学方法，心里总想着下一步自己该怎么做、怎么说，结果就没注意学生的回答。这会导致两个后果：其一，学生会误以为教师更愿意听到一个具体的回答而不是了解自己的思考过程，结果学生不再关注自己的真实想法和理解，反而猜测教师的想法；其二，由于教师没有仔细聆听学生的答案，就无法给学生提供反馈。在我看来，好问题是指那些没有固定答案却能激发学生学习积极性的问题，它们源于教师对学生表现的反馈。假如我们不愿细心聆听学生的想法，就会丧失提出好问题的机会。如果教师从一开始就无法理解学生的意思进行反问，那么更无法要求学生阐述和解释自己的想法。

意大利雷焦艾米利亚地区的幼儿园信奉倾听教学的理念。卡拉·里纳尔蒂是当地幼儿园的负责人兼执行顾问，她认为教师必须以倾听为基础与学生建立良好的师生关系。学生在这样的学习环境下，“能够自由表达自己的看法和对某一问题的理解”。倾听是对学生表现的尊重和兴趣。有了聆听，学生更愿意分享自己的想法和观点，就像我们成年人一旦知道对方对我们的话题和观点感兴趣，就会滔滔不绝。美国诗人爱丽丝·杜艾尔·米勒在其教育实践和观察中指出：“倾听不仅仅是不言谈，尽管大多数人都做不到；倾听意味着对说话内容产生强烈的兴趣，更具人情味”。这种倾听的兴趣能够帮助教师培养学生的思维组织能力，使师生围绕思想探讨形成良性互动，可以说倾听为教师了解学生的思维过程打开了一扇窗。

教师善于倾听为学生做出良好表率，让他们真正理解倾听的含义。在课堂上，老师经常问学生：“你为什么这样认为？”学生很快就把它当成一个有用的方法来应对问题。不过，有时倾听是一把“双刃剑”。布里吉特·巴伦以六年级学生为研究对象，将学生分成小组考察他们解决数学问题的合作能力，从而找到一些小组成功而另一些失败的原因。她在论文中提到：“聪明的那组学生失败了，我发现小组的成功更加依赖于组员倾听和回答对方问题的能力，而不是组员的学术能力。而成功的小组，组员彼此间会交流、评价已有观点，并挨个回答对方提问。每个组员除了阐明自己观点之外，还会聆听他人看法，保证每个组员都有平等说话的权利。这有利于本组组员在分析他人观点的基础上形成自我见解，其进步空间远远超出学术能力强的小组。”

教学记录练习

研究学生思维透明化的另一个工具就是教学记录：教师将课堂调研情况、学生学习时的照片、课堂讨论的音频、标有学生想法和表现的笔记以及学生的论文和图纸等都记录在白板上。刚接触这一教学工具时，教师总以为教学记录就是指学生的课堂表现以及根据各种文档总结出的课堂活动资料，但是，真正有价值的教学记录涉及的内容远不止于此。意大利雷焦艾米利亚地区的幼儿园提倡的教学记录方法经过哈佛“思维透明化”项目的改进后，适用于不同年级。它主要记录学生的学习过程，内容包括能够不断激发学生学习积极性的事件、问题、对话和行为等。

我在“零点计划”的同事玛拉·克车夫斯基、泰丽·特纳、本·马特尔和史蒂夫·塞德耳一直致力于研究教学记录对幼儿、小学生和初中生学习的重要作用，他们将教学记录定义为“通过不同媒介观察、记录、解释和交流的过程以及促进学生学习的教学过程和成果”。该定义指出，教学记录应服务于学习，而不是简单的誊写。教学记录不仅包括资料收集，还包括对资料的讨论和反馈，因此，教学记录离不开倾听。为理解和记录学生的思考过程，教师必须认真观察、仔细聆听，教师所记录的观点一般都是那些存在深入探讨和研究价值的观点和想法。

在斯蒂芬妮·马丁的班上，学生一边讲述触摸黑箱中物体后的感觉，她一边用便利贴记录学生的个人表现并将它们黏贴到记录纸上。这样，学生能够意识到自己观点的价值，并积极参与课堂讨论。马丁的教学记录是她和学生互动的基础，方便他们进一步讨论对课堂表现的看法和疑惑。同时，教学记录展示了马丁的倾听过程，为学生参与讨论黑箱物体奠定基础。布里吉特·巴伦在研究班上成功小组的表现时，发现学生也会做类似的记录。学生对问题解决过程的记录有助于自己了解其他组员的想法，同时产生一种归属感。此外，它还能帮助组员观察彼此的进步情况、各自问题并为小组做出贡献，从而提高小组的整体理解力。相反的，失败小组的记录工作都由一人完成，其他成员无须参与，这容易导致组员间的疏离。

对学生思维过程的记录还有另外一个重要目标：它旨在为教师和学生观察思维过程、记录教学方法和评价理解力的变化提供平台。同时，教学记录的可视化为反映学生的学习过程、考察学习本身奠定了基础，这有助于解析个人和小组的学习情况，增强学生的元认知意识。对教师来说，对学生学习情况的反思是形成教学评价的基础，尽管教学记录并不用于评分但是却有助于教师充分掌握学生的学习和理解能力。因此，我们需要借助他人的眼光来看待问题。和同事分享教学记录有利于教师充分了解学生的学习状况，观察他们的思考过程并发现新问题。我们将在第八章重点讨论分享教学经验对提高专业学习能力的促进作用，同时以专业学习小组的一份“LAST计划表”作举例说明。

一旦教师指导学生由被动转向主动学习并改变了思考方式，那么本章所讲的教学方法就显得十分重要和迫切。教师通过提问、倾听、记录的方式考察学生思维状况，从而提高、深化他们的理解力。这些关键方法为本书第二部分探讨的思路问题提供了基础，每条思路之间并不是完全独立的，提问、倾听和记录能够将它们联系起来形成一个完整的结构。由于思路对调动课堂气氛、实现思维透明化都具有重要意义，因此阅读本书第二部分时请各位读者关注“研究案例”，探究思路之间的关联。

PART 2

第二部分

思路与思维透明化

USING THINKING ROUTINES TO MAKE THINKING VISIBLE

第三章

思路介绍

本章我们将正式介绍思路的概念以及它对实现学生思维透明化、提高自身理解力的重要作用。思路是指对完成具体目标和任务有促进作用的步骤、过程和行为模式，它对课堂教学起主导作用。教师运用这些思路规范学生行为、加强互动、组织活动、增加交流、制定讨论原则，等等。通过早期的研究，我们发现善于推动学生思维开发的教师通常会制定、适应并利用具体的思路来鼓励学生思考，这些思路一般只包含几个步骤，但是却有助于学生对理解力的培养。正如完成作业存在固定思路一样，课堂教学也需要特别的思维步骤。若想真正了解课堂思维进展情况、哪种思路对教师更为适用以及如何形成适合自己的思路，应当从以下三个方面入手：工具、结构和行为模式。

思路的三种作用

工具

思路是思维培养的工具，和其他工具一样，只有适合的才是最好的。如果需要锤子，那么锯子就派不上用场。同理可知，为了实现既设目标，我们不必刻意寻找宽泛的思路，只需挑选合适的思路即可。第一章我们讨论过有助于提高理解力的具体思维方法，这包括：认真观察、仔细描述、做出解释、给出证明、建立联系、考察多元视角、抓住中心、得出结论、提出问题、揭示复杂性、深入探究，等等。第二部分将要介绍的思路是在以上思维方法的基础上形成的。以“思考—疑惑—探讨”这一思路为例，“思考”要求学生考察自己对话题的了解情况并与原有认识建立联系，“疑惑”意味着提出质疑、表明自己的困惑，而“探讨”的过程就是制订计划的过程。因此教师必须首先分清要给学生讲解的思维方法，并选择具体的思路从而完成这一目标。

一般而言，思路既没有好坏之分又不能直接引导出答案，因此教师若想对学生进行评价必须做出一定努力。例如，教师计划研究学生的论证能力，那么不妨要求学生解释自己的观点；假如教师要考察学生利用隐喻性思维的能力，就必须要求学生关注那些差异较小的联系。以上提到的具体思路，都能够帮助教师探讨思维问题。我们在解释每条思路的“目标”时，主要强调思路的设计目的；“内容选择”部分为教师进一步研究思路与教学环境、教学主题的适用性提供便利；“评价”环节涉及运用思路时的方法和教师对学生的期望值。此外，我们还为教师提供了促进学生思考的方法。

最后，由于思路是思考的工具，这意味着它对学生和老师都起作用。思路不仅可以增强师生互动，同时还有利于学生论证自己的观点，另外，思路可以为课堂学习小组提供参考并指导个人实践活动。事实上，思路能够帮助学生更好地思考和学习。例如老师会问学生“你为什么这样认为”，而学生面对口头表达、写作和反思过程中出现的疑惑也可以问自己“我为什么这样认为”。一旦教学过程中出现以上情境，就意味着学生真正成为了独立的思考者，具备阐述自己思考过程的能力。

结构

“思维透明化”和“思考氛围”项目的研究员提出了可应用于全世界课堂教学的具体思路，有助于增强学生思维的条理性。针对思维步骤的训练能够提高学生的思维水平和思维的复杂性，例如，绘制概念图的具体思路是“收集—排序—连接—细化”。我们应当考虑绘制概念图需要哪几种思考方法，从而有利于学生理解力的展示和提高。首先，通过“头脑风暴”实现思维发散。其次，进行排序，排序应当符合概念图的图形特点。排序是一个十分重要的步骤，但是许多学生都无法完成，因为他们记得老师说过想到什么就写什么，结果排序就被略过了。一旦完成排序（基于重要性进行排序），紧接着就要“连接”各个观点。最后是“细化”。

由“收集—排序—连接—细化”我们可以看出，所有的思考步骤都依照思考顺序层层向外延伸。因此，教师不能只满足于完成思考步骤，而要探究这一步和下一步之间的联系。一旦教师将思路运用于课堂教学之中，就会发现这种连续的思考步骤非常有效。教师不妨想一想如何利用学生的回答与下一个步骤建立联系，同时不断探究每个步骤的作用。例如，在“观察—思考—怀疑”中，“观察”为我们深入理解“思考”奠定基础。假如学生未能观察到物体的细节和差别，那么在这种情况下思考就等于无根据的猜测。

我们将在本书的第二部分为大家重点介绍各种类型的思路。讲解每条思路时，首先我们会用一句话概括该思路的每个步骤，方便大家快速思考问题。教师在实际操作时，可以将这几句话写下来发给学生，或者贴在教室里以供学生参考。之后，我们会在“步骤”这一部分进行详细解释，其中包含对教师行为和应用方法的说明；“建议”部分主要是为了给教师进一步指示并标明应当注意的事项。

运用思路的另一种方式就是把它和全班或小组讨论结合起来。教师常常不得不冥思苦想对学生思考有帮助或有意义的讨论方式。有时，因为缺乏倾听或者过于关注任务完成情况和学生成绩，这种讨论的意义并不大。假如学生认为小组任务就是完成功课，那么他们会把所有注意力都放在作业而不是讨论上。学生一旦掌握了一条思路，反过来这条思路就能够指导学生的小组讨论。例如，“联系—拓展—质疑”适用于以小组形式来讨论阅读或演讲材料。

行为模式

我们参与“零点计划”时，常常被问及这样的问题：为什么我们将思考过程命名为“思路”而不是“思维策略”？这不仅是出于对措辞的考虑。思路作为氛围的影响因素，不能仅仅把它理解为教学方法。思路是指对教学实践的一种思考，它承认有效教学不只依靠课程设计和传授。教学活动均发生在特殊语境下，而思路通过对交际行为的设计构建语境。教学方法一般只用于特殊场合，思路经过重复使用成为课堂教学的基础。优秀的教师通过对一系列具体思路的设计培养学生的思维能力，而这些思路能够被学生和教师重复利用。由于思路属于“共享模式”，因而学生可以做出自主选择。

尽管“思路”这个词意味着普通、习惯和惯例，但是如果简单地将思路看成一般行为模式就容易犯错误。课堂步骤的训练是为了迅速有效地完成具体目标，当这些训练成了“我们做事的方式”，教师就会把思路（操作模式）当作完成具体目标的有效工具。经过反复使用，教师能够熟练地操作这些工具。结果，我们发现参与研究的教师开始逐渐适应以上思路，并着手为学生创造有利的学习条件。通过每条思路对应的“研究案例”板块，我们了解了教师如何熟练地使用各种思路，引导学生更好地思考和学习。对案例进行讲解时，我们重点强调教师对思路的借鉴过程，使读者对教师的上课方式有个大概了解。“实验和改进”部分以简单事例向教师展现了思路的改进方法。

只有当思路成为固定的教学方法和模板，学生才能真正地了解学习的意义和方法。一般而言，教师不需要得到具体答案，反而希望学生能够围绕话题呈现最初的思考过程。这一事实告诉我们，学习不是一个吸收他人观点、想法和经验的过程，而是将揭示个人观点作为学习的起点。这样一来，学习就成了联系彼此观点的过程。我们介绍的思路中往往包含提问和怀疑的步骤，教师一般会以提问的方式开始本单元的教学，然而随着学习内容的不断展开，提问就越来越不受重视。事实上教师的这种做法，容易让学生认为学习就是回答他人提问的过程，一旦找到正确答案，学习就停止了。而教师运用思路指导教学，能够让学生意识到提问不仅有利于促进学习，它也是思考的结果。第七章我们将重点讲述课堂气氛对学生的学习过程和思维透明化的重要影响。

思路的分类方法

本书将为大家介绍21种思路，它们的分类方法各式各样。大卫·帕金斯、莎丽·蒂什曼、罗恩·理查德、帕特里夏·帕尔默最初负责实施由卡尔佩·维塔姆基金会资助的“思维透明化项目”时，围绕理解、真理、公平和创造将思路分成四类。其次，我们也可以根据思维类型进行分类，例如仔细观察、讨论或解释等。当然，我们还可以根据某一学科领域最常见、应用最广泛的标准进行分类。此外，有些思路尤其适用于教师提高小组学习效率和问题解决能力，由此我们将思路分成三类：引入和探讨型思路、综合和系统化思路以及深入性和延展性思路。这种分类模式反映了教师为每个单元不同板块制订的教学计划。

多年来在与其他教师合作的过程中，我们研究小组发现，尽管每位教师的思路截然不同，但是在推进学生学习每个单元的知识点时存在相似之处，即实现主线学习而不是使用单一方法。为了更好地执行单元学习计划，我们将思路按照最早出现、中间出现和高潮部分的顺序进行分类。第四章，我们将总结有助于介绍和探讨新观点的思路，教师通常会选在单元最初使用这类思路，从而激发学生的学习兴趣和提问热情；第五章，我们将重点介绍综合和系统化的思路，这类思路一般出现在学生就话题进行初步探讨之后，有利于学生阅读、讨论和观察每个单元的新知识点；第六章，我们将重点探讨深入性和延展性思路，帮助学生深入思考并考察问题的复杂性。表3.1是对思路、关键思考步骤和相关注释的概括。

本书第二部分将为大家呈现的是课堂教学所需的各种思路，你会发现有助于引入话题的思路同样适用于深入挖掘知识点并做出单元总结，从而引导学生发散思维，提高解决问题灵活性。“研究案例”“实践和改进”这两个板块为教师和学生介绍简单教学案例，展示同一思路的不同视角。与各年级、学科的教师（包括大学和图书馆的教师）一同工作时，我们惊异于教师、组织者或负责人的创造性，他们能够巧妙利用各种思路适当综合并改进，从而训练学生的思考和理解能力。尽管一般来说这些思路的实施对象是学生，但是只要组织者或负责人能够掌握实现思维透明化的方法，这些思路同样适用于教师。教学过程中，教师在初次使用思路时不妨直接加以模仿，确保自己和学生能够逐渐熟悉思考步骤并最终掌握提高思维能力的方法。不过，一旦教师能够熟练运用以上思路（不是作为一项训练而是作为加深理解的工具），他们会进行适当的改进使其适应教学环境的要求。

表3.1　思路列表

名称	关键思考步骤	注释和简要说明
第四章　引入和探讨型思路		
观察—思考—怀疑	描述、分析、怀疑	适用于模糊或复杂的视觉刺激
局部—整体	描述、推测、分析	由STW演变而来，适合用来分析图片的某一部分
思考—疑惑—探究	需调动已有知识、疑惑、计划	适合在单元开始时指导个人或小组考察、研究现阶段的理解情况和错误观点
构想—回应	揭示已有知识和观点、提问	开放型讨论；确保平等表述机会，留出充足时间
3–2–1 关联法	需调动已有知识、提问、提炼观点、通过比喻建立联系	适用于有一定知识基础的学生，但指导他们从另一个角度思考；教学过程中没有时间限制
NEWS定位法	做决定和计划、发现个人反应	有助于小组成员为提案、计划或决定选择观点和答案
解构	观察细节、构建解释	旨在辨别、解释各个部分的内容，从而根据部分来理解整体

续表

名称	关键思考步骤	注释和简要说明
	第五章　综合和系统化思路	
归纳法	总结、抓住核心	简单总结重要概念或核心观点
CSI：颜色、符号、图像	利用隐喻性思维抓住核心观点	非文字型思路，依靠视觉联想
收集—排序—连接—细化：概念图	利用已有知识建立联系	重点强调绘制概念图的思考步骤，使个人观点以系统化形式呈现
联系—拓展—挑战	建立联系、发现新观点、提出问题	综合处理任何形式的新信息的关键方法，包括出现在书本、演讲、电影等中的信息
4C：联系—质疑—观点—变化	建立联系、辨别关键概念、提出质疑、考虑启示	基于文本、适用于寻找核心概念的思路，分析材料包括用以讨论的复杂文本、内容丰富的文章或书籍
模拟实验设计法	关注、分析和反思	可与其他思路相结合，适用于促进反思和讨论
“过去我认为……但现在我认为……”	反思和元认知	适用于帮助学生反思随着时间的推移他们想法和观点的变化

续表

名称	关键思考步骤	注释和简要说明
第六章　深入性和延展性思路		
你为什么这样认为?	运用论据分析解释	教师可将这一问题融入讨论之中，引导学生运用论据证明自己的观点
环形视角	视角分析	用以分辨某一问题或话题所包含的不同视角
角色扮演法	视角分析	选择某一立场，并从该视角出发深入理解问题（以讨论或文字表达形式呈现）
“红黄灯”法则	留意、分辨存在的偏见、疑问	适用于分辨论证过程中可能存在的错误、作者的偏见或值得怀疑的内容
主张—证明—提问	概括和理论	适用于分析文本或解释数学、科学思维
“拔河”	视角分析、论证、分辨复杂性问题	用于了解并分辨某一论点或困境的矛盾双方
句子—短语—单词	归纳和提炼	基于文本的模板分析，旨在分析读者眼中的重要概念；可与讨论结合，归纳主旨和启示

第四章

引入和探讨型思路

观察—思考—怀疑

观察一个物体，回答下列问题：

- 你观察到了什么？
- 你认为接下来会发生什么？
- 你有什么疑问？

不论是在课上还是课下，复杂多样的图片和画作总能激发学生的兴趣和思考。“观察—思考—怀疑（STW）”的思路根源于仔细观察，包括对图画、各式物体和引起兴趣的事物的观察，它有助于学生深入学习。同时，这一思路可专门用于引导学生细心观察，因为它将观察看作进一步思考、加深理解、建立理论和培养好奇心的基础。

目标

“观察—思考—怀疑”思路将观察看作思考和解释的基础。学生首先会花几分钟时间观察图画、图片或物体，因此“观察”先于解释；我们之所以将“怀疑”放在最后是为了能够确保学生有充足的时间仔细观察、认真思考、综合信息并考虑其他可能性，怀疑能够帮助学生开辟崭新的探索和思考空间。结果，教师纷纷采用这一思路进行教学，因为它有助于教师提问并指导学生今后的学习。

内容选择

尽管我们刚刚只提到了图片/物体两个概念，但事实上几乎所有可以被观察、解释和怀疑的内容都符合要求，这包括：画作、照片、工艺品、视频、文章节选、卡通片、表格。选择正确的刺激源非常重要，首先我们需要仔细观察图片和物体的主要特征以确保思路的各个步骤彼此相关。这也就是说，图片和物体本身存在一定的含糊性，可能导致各种不同的理解，因此学生若想了解细节特征有时必须进一步观察。教师不妨询问自己，图片/物体是否能够引起共鸣，并以此作为判断标准。你能盯着它看几分钟并把握其特性吗？它能激起你的好奇心吗？

研究步骤

1. 导入。教师应将图片挂在一个明显的位置，以便学生能够尽可能多地观察到它的细节特征：首先把教室里的灯关掉，然后将物体投射到幻灯片上，另外准备一个副本保证即使全班同学坐在一起也能看清。在讨论前，教师应给学生留出2~3分钟的准备时间。

2. 观察。主要要求学生陈述他们所注意到的内容，此处只需注意观察内容无须解释，其中一条有效的措施，就是告诉学生观察意味着你可以触摸图片和物体，简化“我所观察的内容”是要求学生按照思考—分组—分享的顺序进行思考。因此课堂讨论首先应该和你的搭档进行讨论，了解你未观察到的事物。

3. 思考。询问学生他们对该图片和事物的看法。例如，你可以问：“基于你所观察和注意到的事物特征，我们可以想到什么？由此，我们会做怎样的解释？”我们的目标是，给出不同程度的解释，而不是仅仅给出该物体的定义。教师可以继续询问学生其他问题：“你觉得还会发生什么？”教师在听到学生的回应后最有效的应对办法就是问：“你为什么这样认为？”鼓励学生给出自己的解释。有时，这帮助学生思考更多的答案，防止学生随意猜测。

4. 怀疑。学生在观察和思考后，教师可询问他们是否存有疑虑。起初，学生会感到区分思考和怀疑非常困难。学生会怀疑他们的解释不正确，比如“我不知道她是不是他的妹妹”；或者他们会担心自己最初的想法存在问题，譬如“那是船吗？”为帮助学生摆脱这种疑虑，教师应引导他们从多维视角看待问题或事物，这才是怀疑的真正内涵。

5. 交流。一般情况下，学生会首先跟其他同学分享观点，然后再进行下一步思考，这能够帮助学生在借鉴小组整体想法的基础上拓展讨论内容，比一个人冥思苦想更为有效。假如学生能够记录每一个思考步骤，这将对小组共享观点起到促进作用，尽管有时显得有些多余。假如“观察—思考—怀疑”的思路能够激发学生的兴趣，让他们不断地提出问题，那么教师可以把学生怀疑的内容写下来并张贴在教室里，这样可以调动学生思考的积极性。此外，要求学生一旦产生怀疑，立刻把想法记录下来。

实践和改进

教师既可以一次只运用“观察—思考—怀疑”中的一个步骤，也可以综合使用。学生记录下自己“观察”的事物，其实是在阐述他们“思考”的内容（即他们的理解），然后才会提出问题。例如，“我看到图片里有一团团黑色的东西，我认为这是黑夜的象征，不过我不确定这是不是画家心境的写照”。琼·卡梅内特斯基是比亚力克小学一年级的教师，他要求学生运用“观察—思考—怀疑”的思路讨论单元内容。上课时琼首先会向学生展示象形文字、洞穴壁画和古钱币的象征意义，其次要求学生在仔细观察后深入思考，之后提出自己的疑惑，这就为学生探索新的研究方法、提出更多问题创造了机会。

同样以比亚力克学院为例，内莉·吉普森是一位二年级的教师，她在指导学生认识自己时是这样做的：首先，她给学生每人发一张学生自己的照片，然后要求他们按照“观察—思考—怀疑”的顺序进行独立思考。由于学生对自己的照片非常熟悉，因此很快就完成了任务。内莉希望学生能够提出有研究价值的问题，而学生的表现并没令她失望，问题包括：“你怎么看待自己的？”“我不知道自己的鼻子是更像父母，还是更像爷爷奶奶？”“我不知道为什么我父母的头发都是深棕色的，只有我自己的是浅棕色的？”“舌头是怎么帮助你讲话的？”

而另一位同事齐娅·弗里曼也同样运用了“观察—思考—怀疑”的思路指导学龄前儿童了解“公主”的概念。齐娅十分乐意帮助学生打破对性别的固有想法，因此要求学生观察并讨论不同的公主的图片（其中很多都属于非传统类型的图片），而这些四岁左右的儿童竟然能够看着其中一张图片滔滔不绝地说上40分钟。

此外，“观察—思考—怀疑”可用于检测教师的业务能力。位于澳大利亚墨尔本市郊区的比亚力克学院是一所涵盖从幼儿园到高中学年段的私立学校，学校挑选了一批教师组成业务学习小组相互听课，并记录下课堂的所见和所闻，教师应尽量避免“每个学生都积极参与”或“学生上课不专心”等类型的记录。这些教师掌握了“观察—思考—怀疑”的思路后，真正理解了单纯观察（不包含评价和解释）的重要性。后来，等到这些教师聚在一起讨论此次活动的收获时，他们都争先恐后地分享经验，说明自己的理解，同时提出这一思路的问题。经过重点讨论和研究，教师更加关注课堂教学的复杂性，而不是满足于某一节课的成功。结果，这批接受观察的教师真正理解了教学目标。

评价

通过“观察”训练，学生十分重视对细节的关注，这能够帮助学生深入理解图片而不是流于表面特征，而“思考”阶段提升学生解释问题的能力。那么学生究竟是在观察的基础上得出结论，从而建立观察和思考的联系，还是仅凭自己的看法而做出断言？“怀疑”需要学生尽量提问宽泛、有挑战性的问题，而不能仅关注有固定答案的问题。假如学生对开放性问题不甚了解，那么教师就应给学生举例说明，因而学生需要花费更多时间来练习。提问的类型和深度能够展现学生对话题的理解程度：学生对话题理解得越透彻，提问就越接近中心意思。

以美国阿姆斯特丹国际学校五年级的老师丽莎·沃科克为例。丽莎把学生分成三人一组，要求学生首先欣赏罗德·布朗的画作，然后再仔细阅读画作旁朱利叶斯·莱斯特的题诗。由于学生从低年级起就一直接受这种训练，因此对这一思路十分熟悉。他们能够在有限的时间内细心观察并尽可能多地做出解释。

建议

学生虽然着急跳到“思考”这一步，但“观察”既有助于他们关注画作的细节，又为他们做出正确解释提供良好的基础，因此教师应给予学生充足的时间进行观察。同时，教师应努力拉近与学生的距离，大胆说出自己的不足，譬如说，“第一次看到这幅画的时候，我没有注意到……”假如学生一开始就跳过观察转而分析画作，教师也不要把它看成错误，否则会打击学生的积极性。相反地，教师应向学生提问，要求他们回答自己观察到的内容和对此存在的看法，从而做出正确引导。

尽管把所有要求印成表格分发给学生，独立完成的可操作性更强，但教师不能选择这种捷径。因为一旦使用表格，学生就不愿意把所有想法都写下来，还没来得及观察就匆匆写下简略的答案。只有相互倾听、相互借鉴，学生才能真正从“观察—思考—怀疑”的思路中受益，而最好的办法就是把学生分成小组进行交流。

—— 研究案例 ——

作为一名高中历史老师，莱斯利·莱德一直认为图像分析是种必要的技能。即使在这个高度可视化的时代，位于墨尔本郊区的卫理公会女子学校高一的学生仍然为此努力着，其中部分原因在于学生不能理解出现在政治漫画或者古代艺术作品中具有象征性或抽象性的意象。除此之外，莱斯利认为学生的理解还会受其他因素的影响，她分析道：“不管是图画、动画或是照片，理解这些画面之间的关联并不容易。事实上，这存在两个问题——观察细节特征和识别特定背景之间的联系。”莱斯利决定在班上进行一项实验，目的在于考察“观察—思考—怀疑”的思路能否帮助学生提高图像分析能力。通过和同事分析探讨，莱斯利发现“观察—思考—怀疑的可行性和简便性掩盖了它对深入思考和反馈的激励作用”。

为了更好地利用这一思路，莱斯利不得不再三考虑她的教学内容。由于那个单元主要讲述的是中世纪的女性代表，因此她要求学生利用一系列的文字和图片资料深入分析当时的社会环境和制作工艺，以此作为进一步研究中世纪晚期挂毯的艺术性的基础。不过，莱斯利说：“我很快就意识到要想按照‘观察—思考—怀疑’的顺序进行思考，那么必须引导学生首先观察中世纪早期的画作，再查找相关资料，然后探讨历史背景的变化情况，最后对挂毯做出评价”。

莱斯利选择《圣安东尼的诱惑》（*The Temptation of St.Anthony*）（见图4.1）作为研究的对象。她将这幅油彩作品印成黑白图片，利用投影仪向全班同学展示，同时要求每个学生把他们所看到和想到的内容以及由作品产生的联想和疑问列成表格。尽管最初学生的积极配合让莱斯利无比激动，但她的热情随着学生的互相抄袭逐渐衰退。比如，表格中“观察”一栏缺少细节，只有零星的解释。莱斯利意识到她需要帮助学生区分观察和解释的不同，同时鼓励学生寻找图片的细节和疑惑之处，分清“观察”和定义主要特征的区别。

之后，莱斯利总结了经验，把实验方法运用到其他班级中，“我更加明确不同阶段的要求，帮助学生避免不必要的解释，记录他们观察到的真实事物和细节”。同时，在进行下一步之前，她总习惯要求学生做出分析。这样一来，所有的学生都有机会听取他人的想法，从而获得更清楚的认识，这远比一个人完成任务有效。

每次学生在分享他们所观察到的事物时，总有趣事发生。学生们会以详细描述开场，包括酒、圣经、女士的衣服、不同种类的树、山坡、仆人、钟楼、茅草屋等。其中一个学生说道：“裙子下面露出来的像树枝一样的东西是什么？我觉得像鸡爪。”另一个学生会很快做出回应：“哦，我也看到了，但是把它写下来多傻啊！”于是全班同学都开始在图片上寻找，不过也有同学发现不了，“我没有看见它们啊，它们在哪儿？”这时，莱斯利会做个快速调查，她发现约有三分之一的学生写的是“树枝”，另外三分之一虽然看到了但没有记录下来，因为他们认为这不重要，剩下的同学并没有注意到它们。而莱斯利会向学生坦承：虽然自己也观察了很长时间，但同样没有什么发现。

图4.1　《圣安东尼的诱惑》（*The Temptation of St.Anthony*）

图片来源：伦敦约翰·索恩爵士博物馆（Sir John Soane Museum）

对“树枝”的仔细观察能够帮助学生更好地“思考”。教师要求学生解释图片中的故事，于是大家都认真思考，想搞清楚“树枝”究竟是什么。一个学生突发奇想“我想那根本就不是一个女人，而是一个女恶魔的尾巴”，由此引发了学生的一系列讨论，另一名学生很快给出了论据：“你看裙摆是怎么卷起来的？那底下藏的可能就是恶魔的尾巴。”班上三分之一的学生回应道：“我支持你的看法，我也在怀疑裙子为什么是那种式样。在我看来，裙子显得很别扭，可我不知道原因在哪儿。”不过，假如没有背景知识，学生就无法做出这种大胆的假设。首先，学生非常清楚这是一幅宗教图片，而且他们中的许多人都很熟悉诱惑类的故事，因而安东尼的故事并不特殊。

上述实验让莱斯利认识到观察的不易，课后她也有所反思：“到底是因为我们不能理解或分析事物，因而没能仔细观察（或者选择忽视），还是因为事物跟我们的想法、信仰和价值观相悖，因而没能注意到？”莱斯利打算深入研究其中的原因，所以下节课她就会问学生“观察”和“思考”之间的区别，尤其是学生此后的想法。一个学生总结出这两者的区别：“‘思考’就意味着把未知事物和已知事物进行联系。”这引发了固有想法和评判对观察事物的影响的讨论。一场讨论在学生和教师中如火如荼地展开，内容包括元认知、学生错过“树枝”这个重要细节的原因以及停止思考和分析仅靠单纯观察事物异常困难的原因。

莱斯利在《关于想法和观察的思考：超越元认知》（*Wondering About Thinking and Seeing: Moving Beyond Metacognition*）中指出：“今后的几年时间，我将继续采用‘观察—思考—怀疑’的思路进行研究，每堂课都会穿插不同的话题。尽管图像学习并不总能得到像《圣安东尼的诱惑》那样复杂的反馈信息，但我总能把话题引向分析‘观察’和‘思考’两种思维活动之间的区别……我之所以能够灵活地掌握这种方法源于我对心理和认知有清晰的认识，包括‘观察—思考—怀疑’。‘观察’指的是仔细查看细节，推迟分析和评价的时间；‘思考’要求我们在分析细节的基础上，同已有知识建立联系；‘怀疑’要求我们意识到自己会自动忽视图片中某些在他人看来十分重要的细节。同时，学生必须了解历史背景对作品创作的影响，但不能进行过度分析，因为并不是说艺术作品的所有细节都包含深层含义，有时就是单纯的美学问题。对重要资料和历史背景的研究能够帮助教师抓住重点，毕竟有时候‘树枝’就代表一根树枝，并不存在任何特殊含义。”

局部—整体

1. 仔细观察图片的一角：

- 你观察到了什么？
- 基于已有观察，你觉得那是什么东西？

2. 进一步展示图片：

- 你观察到什么新内容？
- 这对你原有的猜测有什么影响？新信息对解决你之前的疑惑有什么帮助，会改变你的想法吗？

3. 不断重复以上过程直到学生看到完整图片

- 你还有什么其他问题？

“局部—整体”是由美国弗吉尼亚州费尔法克斯地区一所中学的教师马克·佩雷拉率先提出，经过朗达·邦迪的改进最终形成的一种思路。朗达·邦迪是弗吉尼亚州北部“基础学习资源”组织的一员，该组织致力于为教师提供美国国会图书馆的资源。朗达利用文件资料教授学生历史课程，同时创建了许多电子资料，均归类到名为“成果”的文件夹内。我们将这种改进后的思路称为“局部—整体”：它和“观察—思考—怀疑”一样都需要仔细观察和深入分析，但不同的是每次只能阐释图片的一部分。我们对历史和其他学科的理解程度受原有认识的限制，这表明思路本身包含学习的过程。

目标

“局部—整体”要求学生首先仔细观察图片的一部分，并提出假说。一旦学生发现新的图片信息，就需重新观察和评估。同时，随着对图片信息的深入挖掘，学生的尝试性理解也会随之变化。提出尝试性假说的过程能够帮助学生认清一点：事实上，不仅想法的改变是可行的，而且当新信息和争议性问题出现时，原有假说不再成立，思想开放和灵活变通就显得十分重要。由于学生无法看到完整内容，因此必须具备探究和发现能力，既能独立思考又能与人合作。

内容选择

选择教学内容时，教师必须做到心中有数，因为直到最后学生也只能看到部分图画。这意味着教师不必选一张陌生的图片，只要最初展示的部分合适，学生也不会察觉。不管教师最后如何决定，只需问问自己：“既然每位老师展示的部分各不相同，那么学生最后是否也会联想到版本各异的故事呢？各个部分所揭示的意义跟整幅图的意义一样吗？”作为教师，你可以选择一幅图，图上每个人都有自己的事情要忙，但必须要求学生首先观察其中一个人或一项活动。除此之外，你也可以选择抽象画、地理风光的照片、数据资料、图表或对话，甚至是一首诗的一部分作为教学内容。教师应重视“局部—整体”的探讨，选择与课程相关的内容，引导学生学习。

教师一旦选定图片，必须首先考虑图片各个部分所要传达的信息，保证每次展示的部分都能增强学生的原有理解，同时要求学生从崭新的角度去思考。尽量不要让学生惊讶，也不要误导学生对图片做出新的诠释。教师可以利用幻灯片来介绍图片的各个部分或局部—整体图片，抽丝剥茧找到图片的真正含义。

步骤

1. 导入。首先，展示图片的一角，给学生留出充足的时间仔细观察。观察是学生提出假说和做出分析的基础，教师可以把学生分成小组或者以班级为单位进行观察。

2. 展示。然后，增加图片的展示部分，要求学生陈述观察到的新信息，并考虑新信息对原有分析和假说的影响。教师可以询问学生："你们觉得这两人是什么关系？到目前为止你有什么感觉？你能猜测出图片的下一部分是什么吗？”此时，教师应抓住机会询问学生的疑惑。

3. 重复。之后，不断重复展示和分析这两个步骤直到整幅画完全显现出来，同时询问学生的遗留问题。鼓励学生提出不同看法，陈述随着图片展示部分的增加产生观点的变化。

4. 交流。最后，教师应和学生讨论思考过程，要求学生说明自己对图片理解的变化。看到部分越多是否会影响学生的想法？哪一部分包含的信息决定了学生的判断？哪一部分让学生觉得模棱两可？如果改变图片的展示顺序，结果会有什么不同吗？

实践和改进

安东尼（托尼）· 卡维尔是比亚力克小学六年级的一位阅读老师，他主要研究学生对课本的钻研程度。当学生开始学习李存信撰写的《舞遍全球：从乡村少年到芭蕾舞巨星的传奇》（*Mao's Last Dancer*）这本小说时，托尼决定用安妮 · 斯普德维拉斯创作的李存信到达北京火车站的插画来帮助学生理解小说的内容和背景。托尼展示的第一张插画没有任何背景，只有一个独自站着的孩子，安东尼要求学生在观察插画时站在画中孩子的立场上进行思考。学生一边观察，他一边提问："你能感觉到什么？你能看到、闻到或听到什么？你们注意到什么？"于是，学生分别记录下自己的想法。每增加一部分，托尼都会重复相同的问题，她要求学生随着故事情节的发展整合新的信息。

保罗 · 威尔曼想让他在比亚力克小学四年级的学生学习更多的澳大利亚土著语言，于是决定通过展示澳大利亚不同地区的地图来完成教学目标，他每次都会在原有的地区地图上增添新的内容。保罗并没有放大地图，而是通过不断叠加地图来介绍新知识。随着将澳大利亚的国家地图从周边地区不断向中部延伸，所有说土著语的地区都逐渐出现在学生的视野中，从而充分调动了学生的参与感和好奇心。每次学生所讲解的地图内容都是对原有想法的一种挑战。最初，保罗没有给学生展示完整的地图，而是鼓励学生不断假设，这增加了课程的趣味性和神秘性。这一事例告诉我们在有限信息的基础上建立假设以及假设改变的方法。

评价

注意学生提出假设时观察的细节以及利用观察内容证明假设的方法。学生到底是乐于综合新信息从而提出新的假设，还是愿意固守旧想法？

学生是愿意借鉴他人观点，还是只考虑自己的看法？在这一过程中，学生了解自己想法改变的原因和方法吗？

建议

首先，这里不存在固定的展示次数，教师只要能够按照设定的顺序展示图片、向学生提问即可，问题包括学生每次观察到的内容以及获取的知识类型等。其次，教师会存有疑虑：这会影响学生的想法吗？由于该思路的一大目标就是培养学生思维的灵活性，因此教师应鼓励学生寻找思维变化与思维环境之间的关系。我们将在“研究案例”部分说明教师如何利用白板展示图片的不同部分，从而增强师生互动。

—— 研究案例 ——

凯特琳·费曼是比亚力克学院的一位数学教师，她在教学过程中使用具体思路训练学生。此前，一些学生就在托尼·卡维尔的英语和社会科学课上接触过“局部—整体”的思路，凯特琳对此十分感兴趣。同时，她也质疑其对数学教学的适用性。

凯特琳向她五年级的学生展示了一大幅图片，希望学生能够意识到数学无处不在。她决定以荷兰艺术家摩里茨·科奈里斯·埃舍尔（M.C.Escher）的《白天与黑夜》（*Day and Night*）（见图4.2）这幅木板作品为例，验证“局部—整体”的思路对学生课堂讨论的作用。凯特琳十分好奇学生的反应情况：“这幅作品画面唯美、耐人寻味，我不确定学生能否从中发现数学问题。况且每次只能展示作品的一部分，限制太多。”

首先，凯特琳向学生展示了一只飞翔的鸟，她选择这部分的原因在于她希望学生初次接触图画时能有相对清晰的认识，方便引导学生发现其中的数学问题。凯特琳提醒学生采用卡维尔老师教授的“局部—整体”方法进行近距离的观察，然后给学生几分钟的时间要求他们写下自己观察、注意到的细节（记住，这是节数学课）。

图4.2　摩里茨·科奈里斯·埃舍尔的《白天与黑夜》（*Day and Night*）

网址：www.mcescher.com

来源：2010年M.C.埃舍尔（1898~1972），荷兰科学思维版画大师

学生很快就在作品中看到这只鸟和旁边的矩形。凯特琳要求学生猜测这幅作品画的是什么，并安慰他们这只是最初的想法，所以不可避免地存在不确定性和条件性。学生们立刻做出回应：“这只飞鸟可能被困住了”，“矩形是全世界最主要的鸟笼形状”，“我认为这是一只笼中鸟”。一位叫约书华的学生给出了更为详细的解释：“在我看来，这是一个鸟阵，它跟乘法问题有关。”马因接着谈起了图形问题：“我们应该关注作品中的图形结构，我看到一只鸟，头部为圆形，喙呈三角形，背景是蓝色的矩形，身体为椭圆形，旁边还有个不规则的三角形……”

凯特琳每展示一部分图片，就会询问学生所观察到的细节、他们想法和理解的变化、新信息对原有假设的作用以及新疑问的产生。随着图片信息的不断增加，学生的讨论内容变得更加多样，从对飞鸟的观察向数学问题过渡，譬如一开始学生会说："这群鸟正在飞越海洋，右下角有片陆地，当时应该是冬天……或者不论何时这群鸟都在飞翔。"之后，他们一般采用数学术语来解释图片："它现在看起来更像一个锥体（而不像矩阵），多出的两个角向中间聚拢。"

凯特琳在做第三次展示时，学生已经讨论了行、列、垂直线、水平线和对角线，并对系数做出了解释："为找到所有（数字的）阵列，只需要找出所有系数……1、2、4和8。1行8列，8行1列，2行4列和4行2列。"学生的每一个回答都给凯特琳一个引入或修改数学概念的机会。

"学生居然能发现这么多数学问题，完全超出我的预料，"凯特琳说道，"我们讨论的话题涉及对称、变型、方向、三角数、一致性、映射和2D、3D图形。学生能够把图片同过去的经验和理解进行联系，这让我非常吃惊。"可惜，凯特琳不得不停止讨论，因为图片还没解释完就已经下课了。

第二天，凯特琳就接着昨天没讲完的部分继续上课。她首先总结上节课学生的观察成果，然后试着让他们深入思考："这个方向飞行的是白色的鸟，而朝相反方向飞行的是黑色的鸟，那么我们怎样描述鸟的飞行方向呢？又怎样用数学方法来描述呢？"

当学生继续讨论垂直线和水平线、跳跃图和滑动图的相互转化时，凯特琳注意到学生正在探索一个全新的数学概念，她指出："我们所讨论的数学名词都是具体的，而所有的图形都能紧密契合，可是这里的图形又是什么？"

一旦学生讨论过整幅画之后，凯特琳会以提问来进行总结："如果你是这幅画的作者，会给它取什么样的题目？既然我们已经从数学角度探讨了这幅图，那么题目就应该包含数学观点。"有些学生给它取名"对称线的白天黑夜”“鸟睛的对称性”“对称变换”“时光飞逝”“一只立体的鸟”和“阵列和对称的故事”等。

有关“局部—整体”的讨论持续了两节课，凯特琳在教学反馈中提到学生对隐藏信息的兴奋之情：“学生擅长冒险、假设和猜测，同时他们还不忘寻找论据来支撑自己的观点。”有时，凯特琳也免不了要回答学生提出的问题并接受挑战，其中一条重要的问题是：“图片的每个部分我们需要花多长时间？”不过，凯特琳似乎已经知道了问题的答案。“首先，时间必须足够长，能够充分调动学生的思考积极性，达到我的预期目标；其次，又不能过长，否则就是拖延时间，让学生还没看下幅图就感到身心疲惫。”

思考—疑惑—探究

请认真思考下列问题：

- 你对这个话题了解多少？
- 你对这个话题有什么问题或疑惑？
- 你怎么围绕这一话题探究自己的疑惑？

“思考—疑惑—探究”由教师普遍采用的“了解—想了解—已知（简称KWL）”的思路演变而来，相较于事实，它更注重考察思维过程。采用“了解—想了解—已知”思路的教师一般会问学生：“你对这个话题了解多少？你想了解什么内容？课程已经结束，你学到了什么？”询问并要求学生列出对话题的了解程度存在一大弊端，那就是通常他们会应付了事或者干脆说自己什么都不知道。而采用“思考—疑惑—探究（简称

TPE)”思路的教师则会提问这样的问题：“你认为自己了解多少？”教师默认学生只是初步或部分了解将要探讨的话题。除此之外，教师还会询问“你对这个话题有什么疑惑”而不是“你想知道什么”，这要求学生更多地进行思考，而不能只满足于收集事实。最后一步“探究”引导学生将注意力放在如何解决疑惑上。

目标

“思考—疑惑—探究”要求学生充分激发自己的好奇心和求知欲，利用已有知识独自或与小组协作探究问题，它旨在帮助教师剖析学生现阶段对话题的理解程度，方便教师组织之后的教学活动。该思路一般适用于某个单元的开始，有利于为学生深入探究奠定基础。不过，如果它出现在单元的中间部分，能够更好地帮助学生答疑解惑。

有时，教师会在单元的最后要求学生采用这一思路“思考”问题，反思对本单元的理解程度并陈述已经掌握的知识点。“疑惑”能够不断提醒学生学无止境，即使已经花费了大量时间来探讨某个话题，仍有更多的知识等待学生去了解。

内容选择

尽管选择复杂丰富的话题能够引发深入思考和探究，但就本质而言，疑惑不是个抽象概念，可供选择的对象从创意、具体的数学问题和当天报纸的话题到与学生息息相关并值得深入思考、理解的所有信息。

步骤

1. 介绍。由于该思路能够帮助教师选择探究对象，通常被用作单元教学的参考，因此教师需要认真考虑记录形式。教师可以将学生分成小组，由学生负责记录，也可以自己写板书或收集便笺来整理学生的想法。

2.“你认为自己了解多少？”首先，给学生留出充足的思考时间，学生可以讲出或简单记录自己的想法，然后由教师负责收集学生的答案。通常情况下，学生需要借鉴他人的看法形成自己的观点，因此教师应该帮助学生了解交流的重要性。一旦开始相互讨论，学生的新观点就层出不穷。

3.“你有什么样的问题或疑惑？”要求学生深入思考并学会提问。例如：研究和学习更多知识有趣吗？你对哪些问题存在疑惑？你所好奇的问题与话题相关吗？教师应该引导学生大声说出自己的疑惑或者记录自己存在的疑问。

4.“我们应该如何解决问题？”让学生们在问题列表中选择一个问题，或者自己想出几道问题，然后向全班或者个别同学询问对这几道题的看法。教师应该首先提问自己：“我打算问哪几个学生？我能从哪儿得到新信息？搜索关键词是什么？什么样的资料值得查询？假如不查资料，我怎么解决自己的疑惑？我怎么回答自己的提问？”

5. 交流。如果以班级为单位进行交流，那么教师能够了解大部分学生的想法；如果分小组探讨问题，那么教师应该规定学生提交小组报告，或者要求学生评论其他同学的答案并按照主题相同/联系紧密进行分类。学生可以选择两人或多人一组共同探讨他们感兴趣的话题，并与其他小组分享交流。

实践和改进

比亚力克小学一年级的教师凯思琳·乔治乌和艺术与科技专家海伦·奥伯曼共同合作，计划采用“思考”和“疑惑”两个步骤引导学生欣赏关于描绘水平及其作用的艺术作品。在参观墨尔本的维多利亚国家美术馆之前，她们花了不少时间向学生展示馆藏油画、素描画、雕塑等艺术作品的照片，并规定学生运用上述思路进行讨论。每展示一张照片，她们就会询问学生："你认为自己了解多少？又有什么样的疑惑？"同时，凯思琳和海伦还提前与陪同孩子前往博物馆的家长进行交谈，内容包括：参观时学生应注意的思考顺序，举例说明学生对类似问题的回答并鼓励家长在参观博物馆时与孩子进行交流。参观博物馆时，她们给学生分发贴有作品照片和提示问题的剪贴板，指导学生进行思考。由于学生对思路谙熟于心，所以可以轻松地和家长交流探讨。

同样以比亚力克学院为例，五年级的教师凯伦·格兰克对学生在学习完领导力的知识后对它的看法饶有兴趣。领导力不只是课堂研究的对象，因此对领导力的理解不能局限于课堂教学。她要求学生采用"思考—疑惑—探究"的思路阐述自己对领导力的看法和产生的新疑惑，并思考深入学习的方法。

评价

"思考"能够帮助教师倾听、领会和记录学生的回答，辨别出学生的错误。为提高学生的理解力，教师在教学过程中必须着重纠正学生的错误观点。"疑惑"为教师进一步了解学生的观点提供启示：学生能否提出问题、对什么样的话题感兴趣，等等。通常，这需要花费不少时间。教师希望学生不要过分关注收集事实，但这并不意味着真实性问题不重要，而是要求教师扩展问题类型以提高学生的理解力。"探究"为教师把握学生思考能力提供机会。

建议

思考—疑惑—探究看起来就像是了解—想了解—已知的改进版，因为两种思路都有相同的目的。教师的措辞能够影响学生的思考，虽然有时只是选词的细微差别，但对学生能够产生巨大的影响。譬如问“你知道……”会让不知所措的学生停止思考，而“你对……了解多少”能给学生一个尝试的机会。后一个问题的意思是：你对这个问题有些想法但又不十分肯定。而对问题的思考和怀疑能够帮助学生更好地理解问题，激发他们的好奇心。

随着教师对这种思考方法和教学语言越来越熟悉，他们在应用时变得更加灵活。很多时候，教师只选择“思考—疑惑—探究”中的一点来训练学生。例如，当学生面对一个新事物，教师的提问“你知道……吗”能够引发学生激烈的讨论；而在教室张贴一张表格要求学生写下自己的疑惑能够提高学生探究问题的能力，进一步激发学生的兴趣和好奇心。

不过，一些教师对“探究”感到茫然失措的一个原因是他们并不善于要求学生做计划或引导学生探索问题，而这恰恰是“探索”需要的教学方法。为了提高学生这方面的能力，教师可以先选一个班级进行试验，以保证计划的顺利进行。如果学生只是从互联网下载问题的答案而不加以思考，那么教师就必须考虑：“哪种资源更具权威性？学生可以使用哪些关键词？如何判断报道的真伪？这些问题是为谁准备的？”为了帮助学生深入思考，教师可以询问：“如果在书上和网上找不到权威信息，这个问题该怎样解决？”

—— 研究案例 ——

比亚力克小学二年级的教师基兰·班萨尔计划向学生讲解时间问题，她的开场语是：“你们怎么看待时间问题？”基兰决定采用“思考—疑惑—探究”的思路激发学生对时间的认知和好奇心，“我希望这种方法能够帮助所有的学生形成自己的观点，培养学生的好奇心和自信心。”

基兰在解释自己的教学方法时指出："我将学生分成四人或五人一组，并在每张课桌上放一张纸和几支笔。首先，我给学生留出充足的时间要求他们把联想到的有关时间的全部内容写在‘思考’这一栏里，全班同学一起讨论这些观点。其次，要求学生陈述自己对时间的疑惑并记录在‘疑惑’这一栏里。我会将学生的想法一一写在黑板上，帮助学生提出更多的问题。然后全班同学一起‘探究’独自或小组解决问题的方法。”（学生的回答参见表4.1。）

学生对时间的看法和疑惑在内容、思想层次和复杂程度方面都各有不同，包括钟表是如何工作的、测量时间的不同方法、时间重要性的哲学解释、时间的性质，等等。基兰发现这和她想象中的情形完全不一样，学生的提问涉及面很广。

在看过所有学生的答案后，基兰确信她的教学计划成功引导学生认识到时间的历史性、必要性和重要性，同时也帮助自己找到解释时间问题的正确方法。结果，课堂讨论变得更加丰富多彩。基兰决定把学生分成两个兴趣小组分别完成一个任务：一组学生负责检查钟表的内部结构，另一组负责设计时光机。同时，基兰也不忘教导学生如何分辨时针、分针和秒针以及如何辨认时间，这样学生对时间的理解和认识变得更加透彻。

基兰开始思考思考—疑惑—探究对教学的影响，"我以往的教学经验告诉我，课前提问和课后测试是检验学生学习情况的主要方法，学生能否完成课程目标是评价的唯一标准。当我开始接触思考—疑惑—探究时，我很惊异地发现它能帮助我更好地掌握学生的思维水平以及他们对思维的理解程度”。

此外，基兰惊喜地发现学生的平均参与度得到了提高，“甚至一些学习吃力的学生也愿意分享自己的观点，而以前他们都不开口说话。学生通过思考、探索和学习的训练变得格外积极。在这个过程中，学生真正学会了如何倾听、合作、思考、分享、提问、冒险和评价的意义”。

表4.1　二年级学生对“时间”的看法和疑问

你怎样看待时间?	你对时间有什么疑惑?
时间就是日日夜夜，就是上午和下午。你能用手表读出时间，一天有24个小时。同时，它还意味着时间表，太阳升起表示早晨，太阳落下表示夜晚。 世界上存在数字化和类比，也就有早饭、午饭和睡觉时间。此外，时间也分早晚、太阳落山、分钟和秒钟。 时间可快可慢，没有人知道时间是怎样发明出来的。假如时间停止，即使最微小的生物也无法移动。 时间可分为数字时间、秒钟、黎明和黄昏、小时和分钟。 一天有24个小时，包括睡眠时间、白天和玩耍时间，当然也有零点时分。	谁发明了时间? 如何创造时间? 时间能够倒退吗? 假如没有时间我们该怎么办? 第一台钟表是何时出现的? 为什么我们将它称为“时间”? 类比法指的是什么? 一棵树苗生长大约需要多长时间? 如何创造时间? 钟表如何报时? 为什么时间如此重要?

续表

你怎样看待时间？	你对时间有什么疑惑？
一棵树苗长成参天大树需要时间，同样吃晚饭也需要时间。 提到时间我首先想到自己的成长，包括乘法运算、无聊、等待、睡眠、玩电脑、玩具的变化、上学、一小时和数字化、太阳东升西落、历史等的时间。	钟表的时针和分针如何工作？ 谁发明了“时间”这个词？ 我想了解数字、时间和钟表。 我对时间一无所知。 谁发明了手表？ 假如没有时间会发生什么？

构想—回应（粉笔教学法）

仔细观察表格，思考下列问题：

- 当你看到这个观点和问题时，脑子里想到了什么？
- 你与他人的想法有什么关联？
- 当你思考自己和他人的观点和回答时，会想到什么问题？

作为教师，我们希望每个学生都有机会表达自己的观点。但是由于时间有限，并不是所有的学生都有这样的机会。“构想—回应（粉笔教学法，用粉笔在黑板上画图说明的讲演或讲课）”是由火狐基金会的希尔顿·史密斯提出的，它有助于促进学生非线性思维的培养。这一思路相当于无声的谈话，它对思维透明化有促进作用，主要研究反应、关联、提问等内容。

目标

该思路要求学生考虑各种观点和提问，记录下他人的反应和想法。这种“无声的谈话”有助于学生不间断地进行思考，并自行选择听取他人观点和评价的时机，学生可以自由改变思路、提出问题并思考问题。注入式思维过程强调通过合作的方式培养理解力，学生依次提出观点、互相提问并进一步阐述观点，开放性和探索性的特征使这一思路更容易为学生所接受。除此之外，由于学生不需要署名，因此提建议时他们变得更加大胆。

内容选择

学生给出的回答可以是几个单词或短语，不过通常需要进行广泛的讨论和互动。由于答案简略，学生愿意真实地记录自己的想法。同时，教师在提问时应选择那些能够引发学生多元思考的问题，以及具有争议性的话题、事件等。例如，复仇和调解有什么关系？这里究竟发生了什么事？你赞成克隆技术吗？一般而言，采用现场讨论的教学方法较为嘈杂，而“构想—回应”能够避免这种问题。另外，回答还包括与话题息息相关的核心观点、讨论过程中提出的问题以及文献引用等。如果学生小组的人数较多，教师最好提供多个问题。

此外，“构想—回应”的思路可用于反思教学，教师应该问问自己希望学生思考怎样的话题、事件和计划。例如，教师可以询问学生：本单元哪个部分最吸引你？你觉得哪个部分最难掌握？你希望自己有什么样的进步？你想和其他同学交流什么内容？你怎么知道自己是否理解了某个概念？

步骤

1. 启动。首先，在一大张表格或羊皮纸上写下学生的回答，每张课桌各放一份表格和一支记号笔。提前做好计划，是将学生分成固定的小组还是让他们在教室里自由走动，如果学生们以小组的形式进行学习，教师需要决定第一环节花费多长时间。

2. 导入。引导学生阐述自己的看法，并记录下学生的观点和疑问，鼓励学生评论并提问，同时对其他同学的回答进行讨论和补充。

3. 传阅。为学生提供充足的时间传阅表格、查看并补充答案。如果学生以小组形式学习，教师应保证给每组留出5分钟讨论时间并记录本小组的讨论结果。然后要求小组之间交换记录纸，默读纸上的答案，补充自己的想法和疑问，这种形式的传阅能够给停滞僵化的“对话”注入新的活力。

4. 激励。教师应给各个小组布置任务，鼓励学生对小组成员的回答做出反应，这包括组织想法、阐述观点、做出评价、询问细节等。同时，教师应积极参与学生讨论，为他们树立榜样，同时回答学生提问、总结评论，为学生提供新的见解和思路。临近下课时，告诉学生这部分花费了多长时间。

5. 交流。传阅结束后，教师应留给各组学生充足的时间仔细阅读记录纸中增加的内容，询问学生他们更在意哪部分内容：他们是否赞成这些观点？哪些问题让他们惊讶？在听完学生的汇报后，询问他们经过“构想—回应”的训练后，思维能力有多少提高。

实践和改进

位于密歇根州法兰克幕斯城的利斯特小学的体育老师吉尔·瓦里科

泽克运用“构想—回应”的思路指导二年级学生学习保龄球。吉尔将学生分成四人一组进行训练：一人做投球手，一人负责整理球瓶，一人负责回球，最后一人负责回答“构想—回应”在练习过程中的体现。之后让学生互换位置，保证每位学生都练习过四个位置，然后带领学生集体转移继续练习，但不设置“构想—回应”环节。为了让学生边学习边思考，吉尔选择了下列问题：投球手投球之前发生了什么？你最擅长哪个位置？如果球偏离了球道怎么办？你认为应该如何击中球瓶？

乔茜·辛格是比亚力克学院七年级的英语老师，她在和全班同学一起讨论幽默的话题时记录了学生提出的几个关键问题，例如：“假如你并不觉得可笑，这是不是说明你没有幽默感呢？”“你能够接受别人拿性别、国籍、外貌和残疾开玩笑吗？”“幽默感能够培养吗？”“为什么幽默感很重要？”然后，她把学生分成几组，每个小组讨论一个问题。

评价

教师在考察学生关于“构想—回应”的答案时，应该关注学生的进步情况。学生的进步是否与观点有重大关联？学生能否提出自己的观点和想法，还是重复别人的观点？学生的提问与主题相关还是离题万里？学生如何看待他人的观点？学生是通过借鉴他人的观点从而形成自己的理解，还是不愿接受其他观点？

假如学生的回答显得呆板生涩，那么不妨考虑答案与他们思维的关系。回答是否过于局限？学生是把关注点放在说明已知问题上还是与他人交流观点上？

建议

当开始粉笔教学时，可以由学生将钢笔或者由老师将各种颜色马克笔放在不同的课桌上，然后请学生走过去选择一种颜色，也可以通过更换颜色以确保匿名答题。另外，教师如果想鼓励学生产生奇思妙想，可以在课堂上分发同色的马克笔。“构想—回应”一般要求学生围坐在课桌前或站在黑板前，不过有时在课桌间来回走动也未尝不可。这种限制能够减少学生交头接耳、做小动作的机会，另外，许多学生发现阅读他人评价后暂时离开能够帮助他们厘清思路，等再回到这张课桌前时，他们已经想好了答案。

同时，时间安排非常重要。教师应随时观察学生的表现，安排好思考、阅读和回答的具体时间，防止学生感到枯燥乏味。例如，成人在“构想—回应”训练开始的前5分钟表现良好，之后就需移动位置，然后在下一个5分钟内做出回应。不过，学生需要更多时间来阅读和记录。

教师最好将课堂训练的记录纸贴在学生容易注意到的地方，方便他们在接下来的几周时间内重温并补充观点。事实上，“构想—回应”每节课都可以采用，这样学生有更多的时间思考复杂问题。

—— 研究案例 ——

比亚力克学院的老师科琳娜·卡普兰为了向四年级的学生讲解外太空的知识，播放了20世纪60年代第一批宇宙火箭发射升空的纪录片。她要求学生在看完DVD后思考哪些部分最吸引自己。随后学生展开了生动的讨论，其中三个问题引起了学生的关注：（1）一只猩猩进入了太空；（2）各国进行太空竞赛；（3）太空探索的花费。

科琳娜认为这值得深究，因此她给学生更多时间去思考这些问题以加深他们对太空探索的理解。科琳娜说道：“在我看来，‘构想—回应’能够指导学生解决难题，产生奇思妙想。”她认为“构想—回应”的无声特质能给予学生自由的思考空间，有利于学生借鉴他人观点。科琳娜希望学生能在三张课桌间来回移动，并认真思考每张课桌上出现的不同问题。

科琳娜冥思苦想“构想—回应”图表中适合填写的内容时，发现自己十分在意太空探索的花费问题，因此她需要尽量避免掺杂个人情感。于是，科琳娜不得不先向年级组的老师取经，她根据同事的建议调整了问题：“你对……的观点、想法、问题和疑惑是什么？”然后找出三个关于问题主干的提示：（1）首先进入太空的是动物还是人类？（2）政府为何要花费这么多经费？（3）太空大战爆发的可能性如何？

科琳娜将这些问题写在羊皮纸上，并放在指定的课桌上，这样有利于学生集中注意力，记录相关回答，而每张课桌都放置了不同颜色的马克笔。同时，她希望能够确保学生方便地在课桌间来回移动并认真地思考每个问题。

科琳娜最初预计“构想—回应”能够持续10到15分钟，但是基于学生的实际参与度她不得不延长时间。她惊喜地发现每位学生都能侃侃而谈并认真思考其他同学的评价，结果这堂课足足上了近一小时。课堂上，学生们安静地在三张课桌之间走来走去，在思考问题和记录观点的同时寻找关联并交换意见。由于学生们都很投入，因此没有出现任何交头接耳、嬉戏打闹的情况。“我很高兴他们喜欢这些问题。”科琳娜说道。

课程结束后，科琳娜要求全班同学复习一遍自己的回答（见图4.3和图4.4），这有助于学生了解讨论主题以及其他同学关注的想法。科琳娜指出：“‘构想—回应’能够保证学生拥有均等的机会，这对那些由于各种各样的原因不敢表达自己观点的学生来说是一种鼓励，这是我钟爱这一思路的原因。”

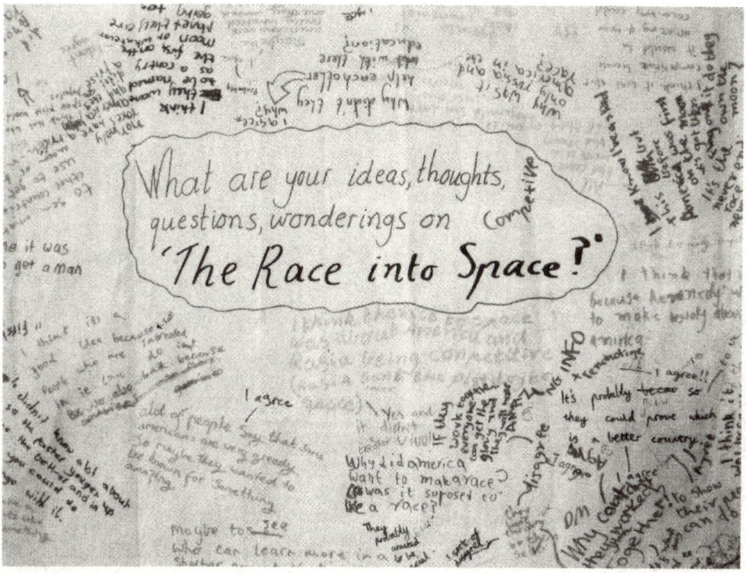

图4.3　四年级粉笔教学：太空竞赛

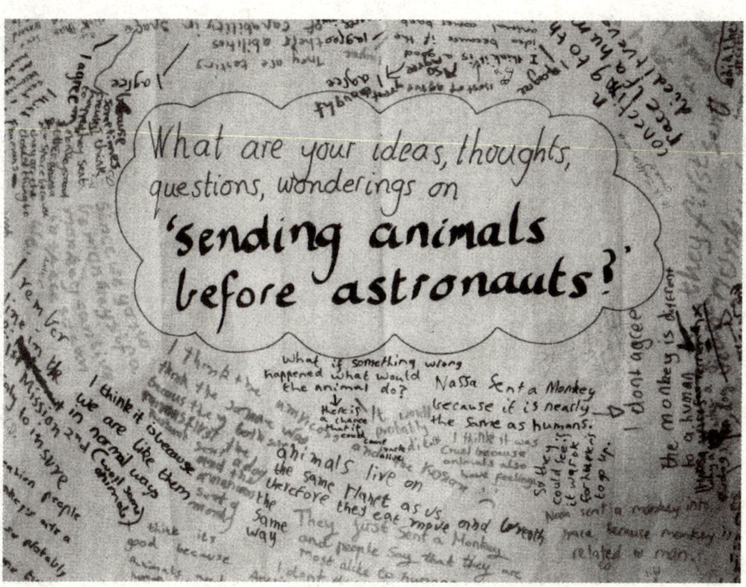

图4.4　四年级粉笔教学：在航天员进入太空之前把动物送入太空

3–2–1 关联法

请思考下列问题：

旧观点	新观点
3个关键词	3个关键词
2个问题	2个问题
1个比喻（明喻/暗喻）	1个比喻（明喻/暗喻）

关联

找到新旧观点的联系

教师在教授新课程前，通常希望掌握学生对课程的初步了解，“3–2–1关联法”思路便由此产生。该思路锁定单词、问题与课堂内容的关联，能够更好地揭示学生的真实情况。“关联”的目的是帮助学生在学习过程中建立新旧知识、问题和理解的联系，从而准确找到自身定位。

目标

“3–2–1关联法”思路的第一步要求学生在开始新课程的学习之前充分调动已有知识：“3个关键词”能够激活学生的思维，“2个问题”有助于学生深入思考，而“1个比喻”负责检验学生对问题的理解程度。

教师一旦掌握了学生的已有想法，就会要求他们将这些观点搁置一旁，然后开始单元教学。最初教师不必提供复杂的事例，譬如一段音频或视频、一个星期的实验活动或其他研究即可。之后，学生对课程内容会有新的认识，看法也随之改变。这时，教师可以开始第二次“3–2–1关联法”的训练，在此期间，学生的主要任务就是根据自己的新看法和理解提炼新观点。

“关联”是该思路的最终目标，它能够帮助学生认清自身的学习和发展过程，有助于培养学生的元认知能力，即检验自己思想和学习情况的能力。同时，学生（有时和搭档）会回忆自己的旧想法并反思第一印象与当前所获取知识的差别。

内容选择

“3-2-1关联法”适用于主题唯一的教学，同时所有学生都有一定的知识基础。很多主题都符合这一要求，例如行星、栖息地、爵士乐、代数、保护、地图、侵蚀、童话等，教师应当选择学生相对熟悉的话题以方便教学进行下去。

第一次“3-2-1关联法”训练之后的指令对确保思路的有效性至关重要，教师应考虑如何下达有效指令，指导学生以全新的角度思考问题并进行思路拓展。如果以“分数”作为讨论话题，那么单纯复习以往知识和技能无法改变学生对分数的看法。因此，如果“关联”指令不采用新思想，就会收效甚微；如果指令具有挑战性、包含新信息和不同观点并能影响学生思考，那么“3-2-1关联法”就能帮助学生扩大和深化理解。

步骤

1. 导入：选择学生记录答案的方法。学生需要在“3-2-1关联法”之后间隔一段时间才会再次回到“3-2-1关联法”，教师应确保学生不漏掉他们的想法。学生一般选择在日记或教师指定的纸张上记录他们的观点，教师应尽量使用简单直白的语言描述话题或概念。

2. 3个关键词：要求学生在看到题目后立刻写出脑海中浮现的三个单词，鼓励学生放下顾虑，因为这不是一次测试，教师只是好奇学生看到话题后的快速联想。

3. 2个问题：要求学生提供看到题目后脑海中迅速出现的两个问题。教师应再次提醒学生不必深究，想到什么就回答什么，因为这个阶段教师只关心学生最初的表面想法。

4. 1个比喻：要求学生说出与话题有关的比喻（明喻/暗喻）句。教师需提前解释明喻、暗喻的概念和用途，例如“行星是……”或“行星就像……”同时举例说明。教师应告诉学生明喻/暗喻强调的是事物之间的联系，它能把具有某种共同特征的两种不同事物连接起来。

5. 教学指导：教师可以利用一段录像、一篇文章、一张图片、一个故事或一次实验来传达新的信息。教学指导是没有时间限制的，最主要的标准就是能否充分调动学生的思维，产生新的理解。

6. 重复“3-2-1关联法”：重复上述2~4步。这次要求学生选择单词、问题和经过之前教学想出的比喻句。

7. 交流：关联。如果学生以小组进行讨论，那么小组成员应相互交流两次采用“3-2-1关联法”进行思考训练的心得，着重强调自己想法的变化情况。同时，教师应重申并让学生意识到最初想法没有对错之分，它只是一个思维起点。如果以班级为单位进行讨论，学生应考察并试图掌握部分想法或思维的改变情况，有时甚至需要多次详细讨论“1个比喻”。

实践和改进

比亚力克学院六年级的老师托尼·卡维尔将“3-2-1关联法”设置为课程教学的固定环节，托尼要求学生从课本的标题入手进行首次“3-2-1关联法”思考训练。通常学生第一次提出的问题都中规中矩，例如“我认为这将成为一个谜”；学生造出的比喻句更像是简单的连接对照而不是真正的比喻，例如“我认为这本书跟……很像”。随后，托尼以每章的标题训练学生运用“3-2-1关联法”进行思考，然后要求学生讨论每章出现的新关联以及现阶段对小说的理解。

詹尼斯·金达是比亚力克学院的一位犹太老师，每年重复教授宗教节日对她来说是很大的挑战。由于课程没有新意，学生昏昏欲睡，学习积极性也不高。后来，詹尼斯发现“3-2-1关联法”能够帮助她更好地完成课前测试，掌握学生对宗教节日的了解情况，于是她开始寻找既能提供新知识又具有挑战性、能够提高学生参与度的教学内容，引导学生从全新角度思考问题。“3-2-1关联法”要求詹尼斯不断寻找新的教学材料以丰富课程内容，这样能够重新激发学生的兴趣和好奇心。结果，第二次做“3-2-1关联法”训练时，学生的观点、提问、比喻句都有明显改进。同时，詹尼斯还发现通过分析学生的比喻句，她能清楚知道学生是否了解宗教节日的实质、重要性和庆祝传统。

评价

在课程开始时第一次引入“3-2-1关联法”的步骤有助于教师形成一个简单有效的预评估，因为教师能够初步了解学生对话题的看法。有效教学应当在此基础上逐渐展开，而不能简单重复。一位初中老师决定指导学生运用“3-2-1关联法”分析“职业研究”模块的知识点，令他吃惊的是学生的回答和比喻内容丰富、意义深刻，而他自己设计的内容反而没有任何新意，随后，他不得不重新组织课程内容。

采用“3-2-1关联法”进行训练时应该注意，由于学生最初的反应十分迅速，捕捉到的是他们的浅层思想，因此，教师没有必要过分解读、琢磨相关词汇和问题，毕竟答案经不起推敲。学生要想造出一个比喻句则需要花费更多的时间，因而比喻句能够揭示学生的浅层理解甚至某些误解。例如，布鲁塞尔国际学校五年级的教师埃里森·弗里切注意到学生最初分析消化系统时，使用的喻体在本质上都是线性结构，例如一条路、一条河流等。经过三周的密集训练，学生常用的喻体发生了变化，譬如像一块手表、一个工厂或一段假期等。这些新的喻体在本质上互动性更强，更像一个完整的系统。经过一段时间的训练后再重复“3–2–1关联法”的步骤，教师发现学生能够自觉地归纳综合并组织与话题相关的新信息。

在课程最后使用“3–2–1关联法”有利于充分激发学生的求知欲，因为此时经过学习，学生对课程主题有了更清楚的认识，能够发现主题的不同方面。收集学生第二次或第三次重复“3–2–1关联法”步骤时提出的新问题，注意这些问题能否体现学生好奇心和参与度以及他们对问题的理解程度，同时关注学生的学习进程。

建议

类比和隐喻、明喻在教学大纲中的地位同等重要，然而，由于学生年龄和阅历的不同，对类比的学习需要进行知识衔接。一些低年级的老师发现，在教授隐喻和明喻这两种修辞手法时举例说明能够更好地帮助学生理解，另外一些老师则选择强调隐喻中本体和喻体间的关系，例如：请写出该物体和已知事物的关联或对比，你能想到哪些内容？

根据“3–2–1关联法”思路训练选择课程内容是高效完成教学计划的关键。因此，教师应考虑如何引导学生从不同的角度思考问题。这些有趣的角度、方面或新发现能否让学生感到惊讶？同年级组的教师可以相互合作，共同商讨教学内容，寻找新奇有趣的材料。

“关联”或讨论新旧知识的变化是“3–2–1关联法”的重点，它有助于提高学生的元认知能力。因此，两人一组或小组合作是最佳形式，这方便其他组员从个人回答中找到不足之处。例如，通常学生联想到的第一个单词是名词，因为他们习惯以跟话题有关的事物来起头。学生经过交流讨论，能够灵活运用单词，联想更多的是动词和形容词。

—— 研究案例 ——

比亚力克学院三年级的教师安德里亚·米勒在向学生介绍墨尔本时意识到，她应该引导学生关注这座城市的文化多样性以及移民对这座城市过去和现在的影响，“墨尔本人”逐渐成为这座城市的中坚力量。安德里亚在学生讨论过关于这座城市的地理和历史知识后，她要求学生写出关于墨尔本人的3个关键词、2个问题和1个比喻。结果，许多学生写的都是自己的父母和祖父母，因为他们中很多人都是澳洲移民。

当时，碰巧澳大利亚媒体正在报道许多难民划小船涌入墨尔本北海岸的事件，情形十分恶劣。安德里亚认为这是加深学生对“墨尔本人”认识的绝佳机会，于是以这个复杂事件作为切入点。

安德里亚首先向学生介绍阿富汗难民营的故事，他们立刻联想到当时铺天盖地的新闻报道，然后询问关于难民的问题。安德里亚还请来一位名叫尼克·多列维奇的同事来给学生讲述自己的亲身经历，尼克是难民收容所的志愿者，她每周都去帮助这些难民解决实际困难。她给学生讲了很多收容所发生的真实故事，学生全都专心致志，同时提出了很多问题，例如，“他们现在是澳洲难民，那过去的工作是什么？”“难民营像旅馆吗？”“假如有婴儿在难民营出生，那他能入澳大利亚国籍吗？”“假如你认为难民营就像一座监狱，那为什么你没做错事就要蹲监狱？”

这样的讨论持续了几周，有的学生剪下报纸上关于难民的报道，有的学生讲述祖辈口口相传的家庭史和墨尔本难民的生活境遇等等，学生的兴趣始终没有衰减。

最后，安德里亚要求学生重新写下关于“墨尔本人”的3个关键词、2

个问题和1个比喻。学生的回答（尤其是比喻句）充分展示了他们对难民问题的深入思考及其进步，学生的造句如下：

- 难民就像一只想摆脱狐狸的兔子
- 难民就像一只从猫爪中逃脱的小鸟
- 难民就像阵风
- 难民就像一只鸟
- 我觉得难民很孤独，就像一条流浪狗
- 就像富有的是总统，贫困的是难民
- 难民就是无家可归的流浪汉
- 难民为生存而远离家乡
- 难民背井离乡是为了摆脱命运的桎梏

安德里亚对学生所表现出的理解力感到非常惊讶，同时认可“3-2-1关联法”对学生清晰、有条理地描述事物的促进作用，学生的理解力、归纳能力和换位思考能力明显得到提升。同时，安德里亚开始反思过去讲解课程的方法、与“3-2-1关联法”的区别以及学生探究主题的深度。

NEWS定位法

请思考以下问题：

E=兴奋。这个观点/命题哪里吸引你？它的优点是什么？

W=苦恼。这个观点/命题哪里令你苦恼？它的缺点是什么？

N=需求。对这个观点/命题你还有什么需要了解？

S=态度、步骤和建议。你对这个观点/命题持什么态度？下一步你打算怎么做？你有什么建议？

“NEWS定位法”产生于决策制定的过程之中，它指的是在对风险、策略或者命题做出决定前，教师应认清形势利弊并鉴别需要进一步探讨的领域。不过，“NEWS定位法”与赞成/反对列表的要求不同，身为“决策者”的小组或个人必须拥有识别不同类型观点的能力，并根据实际需求选择深入了解的对象以便更好地发展。学生按照兴奋（E）—苦恼（W）—需求（N）的顺序思考后，再将注意力转移到态度、步骤或建议（S）上。在此期间，学生应关注决策的过程而不是结果。该思路主要用于任务决策和方案评价，不过教师在应用过程中探索出了其他用途。

目标

“NEWS定位法”有助于各小组的学生从不同角度考虑观点/命题。通过对不同角度和领域的探索，学生能够深入思考问题，避免直接跳到评价环节。不论教师还是学生，一旦对某个观点感兴趣，思维会很自然地受个人情绪影响，因此很容易过度兴奋。而“NEWS定位法”包含兴奋和苦恼两方面，有助于情绪平复。“需求”相当于“行动呼吁”，学生应首先考虑自己想要了解的内容，然后提出建议。

“需求”往往是最复杂的步骤，因为学生需要在思考、分析原有认识的基础上，区分已知和未知的差别，再给出合理的回答。有时教师应适当延长教学时间，保证学生有充足的时间思考前三步的收获，然后再考虑“态度、步骤和建议”问题。

内容选择

“NEWS定位法”适用于讨论一个立场不定的话题、想法或命题，甚至包括反对意见，或者当学生过于坚持自己的视角、难以以多角度考察问题时，不妨运用这一思路帮助学生认清形势。“NEWS定位法”（包括其他思路）要求学生多角度看待某一命题，它并不是一种争论方法。因此，学生需要明确立场，这有助于之后探究问题。例如，“减少着装要求”、“我们即将到来的野外旅行”或“自己独立调查”这些话题都可以拿来讨论。

步骤

1. 导入。提出一个问题、事件或命题并向学生做简单介绍。如果命题较为新颖，可以设置问题确保学生有个初步了解。在教室墙壁上按东南西北四个方向贴四张大纸，分别用N–E–W–S做标注。此外，教师也可以把命题写在白板上并在命题周围写下N–E–W–S四个字母，然后要求学生把想法记录在便利贴上。

2. E：兴奋。询问学生：“这个观点/命题哪里吸引你？它的优点是什么？”留给学生充足的时间进行思考、记录，要求学生将回答展示在“E”部分。如果学生的思维停滞，教师应提示学生“什么能引起人们的兴奋”。

3. W：苦恼。问学生：“这个观点/命题哪里令你苦恼？你的关注点是什么？它的缺点又是什么？”一旦学生想好答案，立刻让他们公布自己的观点。

4. N：需求。教师可以询问学生：“要想深入理解问题并做好准备，你需要知道和收集什么信息？”

5. S：态度、步骤和建议。教师可根据自己关注的问题或事件，询问学生的观点立场和下一步工作，或者要求学生提出建议。

6. 交流。教师可以随时给学生机会了解他人的评论，不过，当学生了解到小组成员的兴奋和苦恼时，经常会产生更强烈的“需求”，同样的情况也会出现在“态度、步骤和建议”这一步中。教师应仔细阅读学生在各个阶段对主题发表的评论，分析这些评论是否存在共性。同时，教师还应研究学生对后续工作提出的建议，并制订一个万全的计划付诸实施。

实践和改进

前文中所提到的是以班级为单位进行的教学，它能帮助教师了解学生的思考过程以及各小组学生相互借鉴的观点。不过，学生也能够独立完成任务、反思自己的答案，然后跟其他同学进行讨论。比亚力克学院的沙龙·伯伦霍茨组织十年级的学生采用“NEWS定位法”完成对美国作家约翰·斯坦贝克的小说《人鼠之间》(*Mice and Men*)的学习，他要求学生独立进行分析想象，其中“建议”这一步需要学生为主人公设计其他可能的场景。沙龙的同事罗素·卡普兰在七年级科学课上使用相同的方法帮助学生分析色谱。

苏·艾萨克斯发现“NEWS定位法”为讨论青春期的话题开辟了一条道路。在比亚力克学院六年级的一次周末母女会上，苏分别同母亲和女儿见了面，并指导她们采用“NEWS定位法”回答问题，母亲需要回答“随着您的女儿步入了青春期……”而女儿的问题是“既然你已经进入了青春期……”接下来的讨论十分热烈，她们纷纷表现出对这一问题的关注和期望，这有利于苏引导她们进一步讨论面临的苦恼、产生兴奋的方法、需要进行的沟通和有效的建议。

另外，“NEWS定位法”是学院会议上介绍新项目时行之有效的方法，它有助于教师针对项目决策提出有建设性的意见。

评价

“NEWS定位法”为教师提供了观察学生按照思考步骤从不同方面灵活地理解问题的机会，学生能够考虑到超出他们即时反应和定位的内容吗？各个环节学生都能做出回答吗？教师通过观察学生（包括个人和小组）在“需求”环节的表现，能够清楚掌握他们分析已有信息的能力以及提高理解力的方法。

—— 研究案例 ——

学前班入学对学生和家长来说都是一件重要的事情。比亚力克学院学前班的三位教师娜塔莉·克鲁斯卡、凯瑟琳·乔治乌、艾米丽·明特成立专业小组制订有效的计划帮助新入学的儿童快速适应学习环境，同时向家长介绍新学年的情况。最终，小组决定采用“NEWS定位法”来调查收集家长和学生关心的信息。娜塔莉在解释她们选择这种思路的原因时指出：“‘NEWS定位法’能清楚地展示学生的具体想法和担忧，这有助于教师了解学生的想法，并为新入学的儿童和家长提供帮助。同时，它步骤清晰，能够帮助学生和家长认清过度担忧的症状并加以解决。作为老师，我认为通过‘NEWS定位法’能明确地了解家长和学生的想法和担忧，尽自己最大的努力去帮助他们解决问题。”

专业小组在讨论了记录学龄前儿童思想的方法之后，决定要求学生画出入学令他们兴奋和担心的事，等等。娜塔莉首先向学生介绍了指南针的概念，然后拿出一个呼啦圈来表示指南针，并向学生解释剩余步骤：“‘E’表示进入学前班令你兴奋的理由。每个人在纸上完成一幅画，老师会帮你在画的背面写下文字说明，然后把它放在呼啦圈的东面。之后，依照同样的方法学习‘N=需求’。不过，在继续学习‘W=苦恼’和‘S=建议’之前，我们应首先回顾‘E’和‘N’部分的内容。”

这三个班级的每位学生都踊跃地参与进来，不管是班级还是个人的答案都具有参考价值（见图4.5~图4.8）。有些答案比较常见，例如学会读写、能够交到新朋友；有些答案却很新奇，例如担心放学父母会忘记接他们、不知道哥哥姐姐在哪儿，等等。以“担心放学父母会忘记接他们”

为例，教师为了让学生安心，便讲解自己与家长保持联络的方法，保证家长清楚学校的课程安排：例如家长有学校和老师的电话号码，假如任何家长没有按时到达，他们可以很方便地进行沟通。同时，学生的回答也让教师认识到，学生眼中“兴奋”的事包括他们在校期间的全部活动。

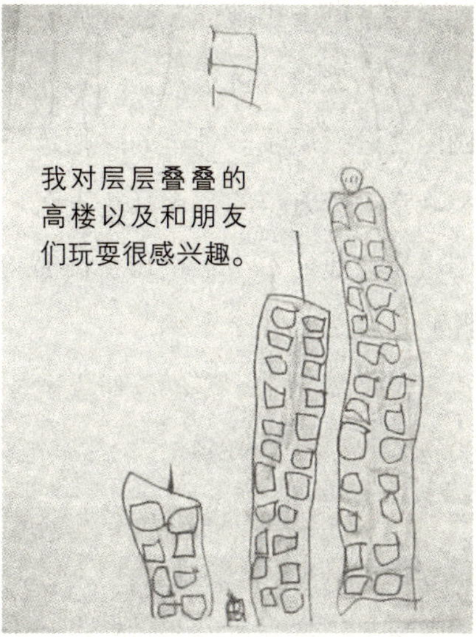

图4.5　一位学生的“兴奋”

“学生的回答如此周全令我诧异不已，”娜塔莉事后跟同事分享了自己的感受，“其中一个学生最大的担忧是自己不如别人优秀，这时最好的办法就是和学生进行交流，这样学生便敢于同他人分享自己的观点。由于学生可以匿名回答，我们能够在不伤害学生自尊心的情况下去聆听、分析他们的所有想法。”同时，娜塔莉在看过学生的建议后深有感触：“我很好奇学生如何完成‘S=建议’部分，为其他学生在‘E、W、N’部分的回答提供建议。这种同学间的互助引人注目，尤其是刚进入学前班的孩子就能做到这一点让人难以置信。”

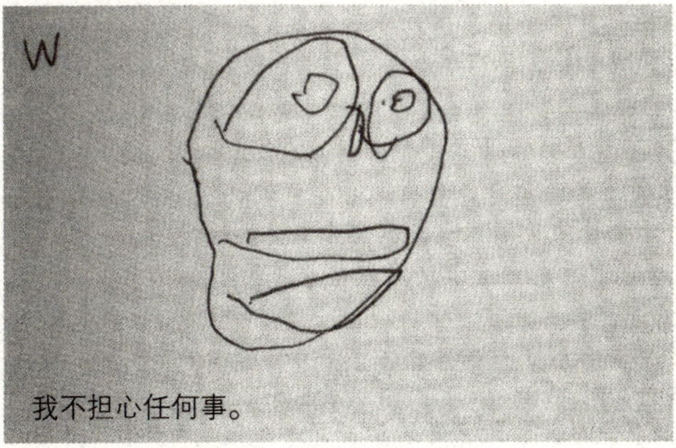

图4.6　一位学生的“苦恼”

等到所有学生

都完成了以上步骤，三位教师便聚在一起总结经验并挑选具有代表性的图画照片进行展示。挑选的原则是既能呈现学生全方位的观点又能表现学生的成果，他们希望学生和家长都能因此而受益。

图4.7 一位学生的“需求”

在家长会上，三位老师决定让家长也体验一回“NEWS定位法”。娜塔莉简单描述了这一过程：“我们在简要地介绍了‘NEWS定位法’之后，就要求家长进行交流。家长把自己对每个环节的想法分别写在便利贴上，并贴在学生的观点旁边。”由于整个过程都是匿名进行的，因此家长可以畅所欲言，每个人都有机会提出自己的担忧和建议。同时，“NEWS定位法”也防止某些过于健谈的家长一直滔滔不绝，主导家长会。最后，三位老师向家长展示了根据学生绘制的图画汇制成的照片集，以便家长补充自己的想法。

图4.8 一位学生的“建议”

家长纷纷表示愿意参加此类活动，这些便笺显示了家长的关心和希望。其中许多担心和“需求”都涉及孩子的社交能力和情感健康，例如孩子是否乐于交朋友、孩子在学校的情况、如何帮助孩子培养早期阅读的意识、孩子是否愿意上学以及孩子在学校的独立性。

娜塔莉希望这种方法能够拓展学生和家长的思维，并以此为基础营造良好的课堂环境。她想让学生意识到“家长和学生的担心及苦恼是相通的，他们可以通过提建议的方式互相帮助”。

娜塔莉在总结多年采用“NEWS定位法”授课的经验时指出：“我认为这是一个非常有用的工具，它有助于教师进行反思。我们要求最后一组学生采用‘NEWS定位法’分析自己即将升入二年级时的兴奋和苦恼。学生一旦完成任务，就向他们展示学前班时制作的照片集。学生对照片和自己两年前的想法感到非常吃惊，这有助于他们平稳地过渡到二年级。如果学生认为自己学前班时的担心很幼稚，那么这种情况在他们升入二年级后也会发生，因此没有必要担心。同时，‘NEWS定位法’给了家长了解孩子学习进度以及其他家长想法的机会，有利于他们消除无谓的担心，减少家长会上家长之间的尴尬。”

解构

仔细观察物体，按照以下步骤回答问题：

- 定义：定义你所观察到的物体特征。
- 分析：这是什么物体？它的功能和作用是什么？它为什么会在那儿？
- 解释：你那么说的原因是什么，你为什么觉得事情会朝那个方向发展？
- 替代：还有什么其他可能？能说明理由吗？

理解事物需要认清它的结构、作用、功能、地位和目标，而“解构”

有助于学生仔细观察事物的特征和细节，然后了解它的存在原因。由此而言，这一思路的实质就是解构物体或者由局部到整体分析物体。

目标

“解构”和“观察—思考—怀疑”一样都需要在仔细观察的基础上做出解释和分析。“观察—思考—怀疑”要求学生依靠仔细观察、认真分析形成他们对图像或物体的认识，而“解构”的前提是学生对物体已有清晰的认识，只需探究它的操作方法、功能特点和摆放位置，这样学生能把更多的注意力放在分析物体结构上。例如，学生知道自己面前摆放的是一台显微镜，他们运用“解构”的思路可以更好地分析仪器的结构。同样，运用这一思路，学生能够在掌握数学图表特征的基础上，弄清其用途和目的。

“解构”要求学生简单了解事物存在的原因，并深入剖析其目的和功能。因此，在分析事物结构的基础上寻找结构与整体关系的替代理论是“解构”思路能够增强个人理解力的原因。

内容选择

“解构”思路适用于分析结构和特性多样的事物，其中科学现象、历史事件、地理图像和数学模型都是学生可以仔细观察并解释的对象，教师和学生可以借鉴“观察—思考—怀疑”的思路加以“解构”。例如，你注意到图像或物体有什么独特的特征吗？你能联想到合理的用途和功能吗？对结构的分析能够帮助你理解整体吗？

步骤

1. 导入。首先，引导学生将注意力放在物体上，教师不必让学生说出物体名称，防止一开始时他们没有辨认出来；要求学生仔细观察，以便随后分辨物体不同特征之间的关系。

2. 定义。让学生与家长交流观察到的物体的不同特征或方面，其中最重要的就是保证学生能够记录下自己观察到的所有不同（可记录在便利贴上）。之后，将学生分成两人或多人一组进行讨论，补充个人观察过程中所忽视的物体特征。

3. 分析。等学生总结出物体特征之后，要求他们做出分析，此处应着重强调“解构”的意义。教师如果希望学生能多加关注，必须要求他们尽可能多地做出分析并记录答案。

4. 解释。要求学生解释为什么他们的答案似是而非。这一步需要学生提供证明并阐述特别之处，即为什么用某种特定的方法能解释这一特征。

5. 替代。最后，要求学生给出其他可能的解释，其目的是吸引学生的注意力。教师希望学生能将注意力放在物体特征和存在方式上，不必过早下定论。每出现一个解释，学生就应该相互询问：“你为什么这样认为？”

实践和改进

黛比·奥哈拉是美国阿姆斯特丹国际学校的一位幼儿园老师，多年来她一直采用“解构”的思路教导学生。最近，她沿用这种思路讲解邮政系统，有时学生仿佛身临其境出现在自己生活的社区。黛比组装了一个塞满邮政用具的“黑箱”，并且让每个小组成员轮流从黑箱中取出一样物品，猜测它是什么。等到所有物品都被取出放在托盘上之后，她要求每个小组思考各个物品之间的联系。黛比的目的是保证学生既能检验每个物品，又能观察物品特征并分析它们之间的联系。

苏黎世国际社区学校四年级组的教师同样采用“解构”的思路教授古代文明课程。苏黎世是一个文化遗产丰富的城市，其中部分遗址甚至能追溯到古罗马时期，因此四年级组的教师想通过带领学生参观遗址进行教学。不过，让学生了解考古并不是一件简单的事，教师需要向学生解释人造建筑群与古代文明的关系。参观这些遗址前，老师向当地博物馆租借了一批文物复制品，然后指导学生用解构的方法从考古学家的角度进行思考。

评价

教师在聆听学生对物体的分析时，只需关注论断的角度而不是它的正确性。学生是满足于表面分析、浅尝辄止，还是能够透过表面分析可能存在的联系？分析是泛泛而论、过于笼统，还是细致入微能让人产生联想？学生是抓住了重要特征和主题，还是在琐碎无关的细节和想法之中到处徘徊？“解构”这一思路的优点在于全班同学都能参与评价，从而找到最有力的论据。同时，学生能够意识到证明某一观点不仅要给出正确答案，更应提供有说服力的论据。

建议

采用“解构”这一思路时，学生一般倾向于首先给出定义，然后检验正确与否。不过，正确的做法应该是首先观察物体特征，再分析各部分的联系和功能。如果学生坚持要说出物体名称，教师可以重新做出引导，请他们解释原因：“你为什么这样认为？”之后，再次询问学生：“如果这与你的想法有冲突，那它又会是什么呢？”教师的根本目的就是让学生在仔细观察物体特征的基础上进行解释分析。

虽然定义、分析、解释、替代每一步都很清晰，但学生很容易混淆。尽管这不是个大问题，但在课堂教学和教学记录中仍需加以区分。假如学生不能解释原因或想不出替代解释，那么“解构”就成了“猜物体”

的游戏，这将影响猜想和假设的提出。

—— 研究案例 ——

“解构”思路在中学生开放日的成功运用奠定了米切尔·格雷戈里以“解构”为基础搭建学年教学平台的决心，原因有如下几点：第一，“解构”对米切尔来说不只是一个活动，更是他希望引入六年级的一种思维培养方式。第二，“解构”能够保证六年级组的每位地理老师各自承担教学责任，共同规划下半学年的课题；同时，它有助于学生形成仔细观察和解释说明地理现象之间关系的意识。第三，米切尔希望将“解构”打造成为连续对话、相互询问、激烈辩论和重新思考的基础平台。“考察认知行为是理解社会研究重大问题的基础，因此对我们的联合计划具有决定性意义，”米切尔说道，“一旦我们商量出应该加以鼓励的思维方式，那么决定采用哪种思路就变得得心应手”。

对包括米切尔在内的六年级组教师来说，地理不仅包括地理环境，而且还包括识别和解释自然、人文现象及其关系。同时，他们还借鉴其他科目的学习方法，包括仔细观察物体表面特征，学会透过现象抓住本质；收集有关事物存在方式的理论和分析；发表看法，解释说明；提出问题，深入研究；等等。米切尔很快总结出经验，准备采用“解构”的思路开始新学年的教学工作。

在准备阶段，米切尔和同事从杂志和网络上查找人物、景色和自然现象的图片，然后把去掉标题、像素放大后的图片张贴在各个班级内并用数字做好标记。开学第一天，米切尔在六年级新生走进教室、挑好座位之后就开始致欢迎词，之后他问学生：“今天谁想在课上做游戏？”在一片“好”和“我”的欢呼声中所有学生都把手高高举起。米切尔作为六年级组的组长在课程开始前为学生提供必要的指导：“我们今天要玩的游戏叫‘解构’，你们认为需要做哪些准备呢？”一个学生迟疑了一会儿，说道：“需要更多的解释？”米切尔回答道：“我很高兴你能想到这一点，解释之于‘解构’就像是音乐之于社会老师的耳朵一样！今后我们会加以解释。”

米切尔继续讲解道：“在这间教室里你能看到我们老师整个夏天搜集到的各式各样的图片，有些看起来又酷又有趣，有些却很恐怖。我希望你们两人一组耐心仔细地观察这些图片，不用操之过急。毕竟，两双眼睛能够发现的细节特征更多。”除此之外，她还向学生强调：“当你们发现问题并一一指出后，请拿出你的社会科学日志，把它们记录下来。”

米切尔向学生仔细阐述了“解构”的步骤：“首先，记录下你所观察到的事物，换句话说，就是为你观察到的事物特征下定义，然后，解释说明你这样认为的原因。如果出于对某些特别之处的考虑，你认为还存在其他可能性，那么也把它记录下来！”之后，她又在黑板上写下了“解构”的四个主要步骤以便学生随时参考。米切尔决定第一天不准备记录表，她想借用这个机会来考察学生自行整理笔记和观点的能力，这有助于教师组讨论总结，最终找到适合学生今后学习的组织形式。

学生在分好小组后就开始观察教室里的图片。米切尔四处走动，看看哪个小组需要进一步的讲解和指导。随后，她倾听了部分学生的对话，这些对话让整个教师组受益匪浅。“过去我总误以为教师的工作就是指导学生，然后检查他们的学习状况。但是随着活动的展开，我发现倾听学生的想法变得越来越重要，我从中得到不少启示，”米切尔后来回答道，“当学生真正理解‘解构’的步骤后，我发现自己能参与到他们的对话当中。这才仅仅是课程教学的第一天，但他们的观点完全超乎我的想象！”图4.9展示了部分学生的“解构”日志。

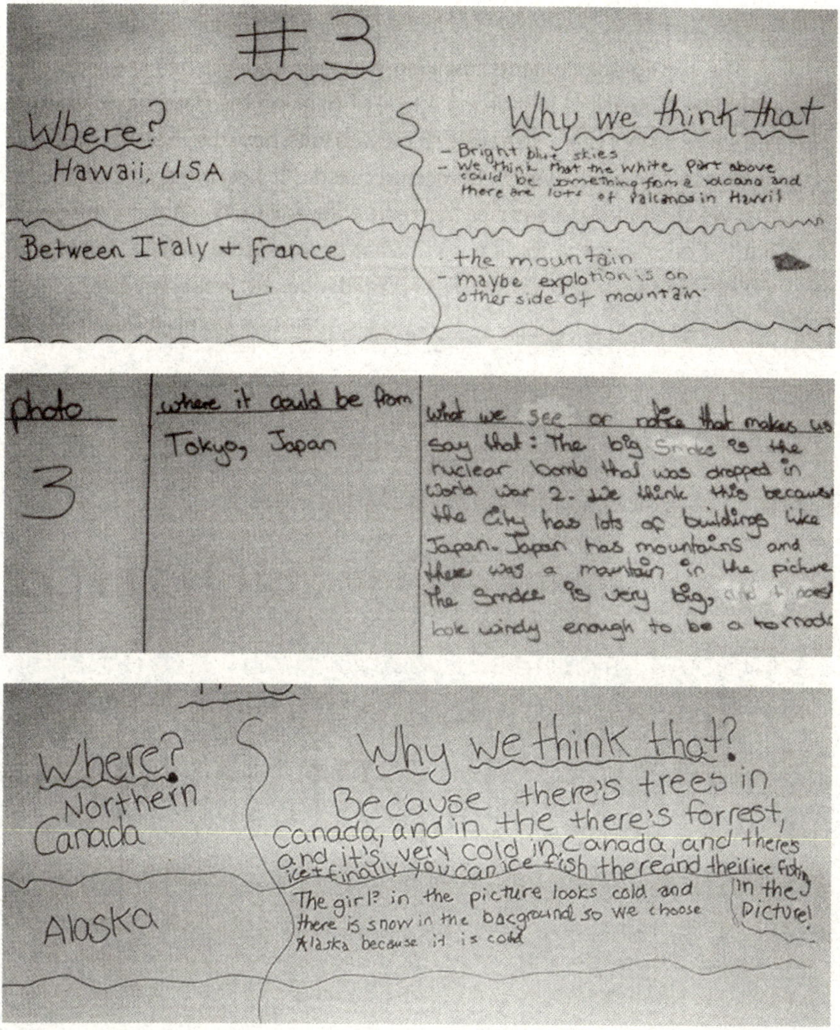

图4.9　“解构”日志

45分钟后，米切尔要求学生找到座位坐下来，然后开始小组讨论，她有目的地引导学生遵循“解构”的步骤进行思考。“既然仍有很多值得研究的观点，那么你们一定已经想到了不少好主意！”米切尔继续说道，“有人愿意和大家分享哪幅图最吸引你吗？然后说明你选择哪幅图片、你和搭档观察到了什么、你认为它是什么以及你选择这幅图的原因。”

第一组学生刚刚分享完他们的观点，其他学生就迫不及待地举手想要回答他们对同一幅图片的看法。米切尔听得十分仔细并把第一组学生的观点都记录在白板上，同时要求其他学生先把手放下耐心等待，因为她想留出一定的思考时间。

至于下一组学生，他们的想法则源于第一组学生的解释分析。假如学生只回答“这是阿拉斯加”，那么米切尔会引导他深入思考：“你认为这是阿拉斯加，那么你观察到了什么细节让你得出这样的结论？”等这名学生解释完，米切尔又会把视线转向全班同学，“我想大家已经听到了他的解释，其他人对这幅图有什么不同的看法吗？”

鉴于六年级学生的思想比较丰富，米切尔希望能够挑选一种适合整个学年教学的思路，从而有助于她记录学生的观点并加以巩固。“‘解构’在我们开展教学工作方面作用巨大，”米切尔回忆道，“它具有标识作用，方便我们随时查找各个单元的知识点。不过这里所说的知识点并不包括图片，而是仅就问题而言，因为图片数量过多。比如，你观察或注意到什么？你为什么这样认为？还有什么其他可能性能解释你的观点吗？现在，‘解构’已然成为教学活动不可或缺的一部分，同时也是我们不断重复使用的思路之一。”

第五章

综合和系统化思路

归纳法

认真思考并回答下列问题：

- 请归纳总结话题/问题的主旨或核心观点。

“归纳法”源于我们哈佛“零点计划”的小组会议，项目负责人一般要求组员概括自己对话题的看法、印象或核心观点，大家希望每位成员在讨论问题或做会议总结时都能简明扼要、不再冗述。“归纳法”有助于个人迅速分析归纳并为其他成员提供借鉴，于是，我们将这一思路推广到课堂教学之中。

目标

“归纳法”要求学生反映并概括学习环境和学习经验的本质及核心。

有时，为了教学活动能够持续开展，最简单的办法就是不让学生思考。然而，学生抓不住重要观点和原理的本质，就无法真正理解它们，正所谓“一叶障目不见泰山”。如果学生不能抓住学习的重点，就无法在今后的学习中构建知识体系。

教师要求学生归纳课程内容或概念的根本目的是要告诉学生抓住重点是增强理解力的关键。对小组讨论进行归纳整理能够帮助学生从不同角度考虑问题，产生丰富的联想，从而分清主次和中心。

内容选择

由于“归纳法”离不开综合，因此它处在一条动态的学习曲线之中，这能够帮助学生认清具有层次性和差异性的话题的核心。要求学生对六种简单机械的定义进行归纳并不能帮助他们理解物理学的基本概念，因为学生往往会想出并列的概念（例如杠杆、滑轮、楔形等），而没有抓住重点。相反地，要求学生归纳对于这些简单机械的理解（包括它们的优点）以及它们同物理学基本概念的关系显得更为重要。因此，“归纳法”有利于学生掌握物理学原理的本质。有时，经过一段时间的学习后，学牛也可以运用“归纳法”，比如进行野外考察、读一本书或看一部电影等。“归纳法”能够帮助学生识别以上学习过程中重要或突出的方面。总而言之，充分了解学生眼中的核心概念对规划今后的教学活动意义非凡。

步骤

1. 导入。等学生有了一定的学习经验后，要求他们思考学习内容的重点。

2. 归纳。要求学生归纳话题/问题的要点，学生可以独立完成也可以和组员共同完成，形式由教师自行决定。

3. 初步交流。一旦学生完成归纳总结，教师可要求他们互相交流。学生不仅需要分享归纳的要点，而且必须向其他同学解释这一选择的原因。这一步的目的不是挑选最佳“归纳”，而是为展示话题的不同视角和细微差别提供平台。

4. 深入交流。教师在学生以小组形式交流归纳并解释原因之后，不妨考虑以班级为单位共同探讨各小组的观点。此时，教师可以鼓励全班学生寻找要点的共同主题或要素。

实践和改进

朱莉·米切尔是澳大利亚塔斯马尼亚州布赖顿小学的一名教师，她和同事发现“归纳法”能够帮助学生顺利解决社交冲突（例如操场上发生的冲突）。朱莉注意到，当冲突出现时学生通常会向老师寻求帮助：打小报告或复述事件发生的过程。为了让学生能够停止打闹或扼要地说明事件，她鼓励六年级的学生思考冲突的核心问题，这一过程强迫学生冷静下来考虑自己烦躁的原因。朱莉和同事发现，经过老师的调解干预，即“归纳法”加上倾听，通常能缓解学生的紧张感，减少冲突发生的概率。等学生熟悉这一过程后，朱莉又向学生介绍站在冲突另一方的角度进行“归纳”的方法，这要求学生从自己的对立面观察冲突，有助于朱莉进一步化解学生之间的矛盾，帮助他们解决问题。

克莱尔·塔格雷尔是密歇根州特拉弗斯城东方中学的老师，她在八年级的语言艺术课上采用改进版的“归纳法”指导学生探索文学主题。等学生阅读了班·麦可森的作品《遇见灵熊》（*Touching Spirit Bear*）之后，克莱尔要求他们从MP3里挑选一首最能表达小说中心思想的歌曲。对于每首歌的选择，学生需要做出解释说明。一旦学生全身心地投入到理解中心思想上来，就能够回忆起自己阅读过的内容，而歌曲的选择过程相当于归纳文章中心思想的过程。学生为作品《遇见灵熊》的主旨选择不同歌曲有助于掀起学生学习的高潮。

艾丽·孔德是美国阿姆斯特丹国际学校学前班的老师，她采用归纳法即讲故事教导三至四岁的孩子。她要求学生概括周末的活动，等每个学生讲述完后，艾丽就会问他们："我们可以给卡拉的故事取什么名字呢？"如果有一个学生做出了回答，她会继续问："还有什么合适的名字？"通过这种方法，她向年幼的孩子引入了归纳的概念。

评价

教师应关注每个学生归纳的内容及其理由。学生的归纳是否包含他人忽视的观点？学生的总结能否引起小组其他成员的注意？归纳是否有助于总结并厘清事实真相，还是只关注个别因素？归纳如何展现学生对话题的理解？

当然，一条归纳无法概括话题包含的所有差别和复杂层次，因此我们需要收集全班学生的归纳概括。一方面，这有助于教师了解学生眼中的重点问题；另一方面，它能够暴露学生的问题和疑惑，以便教师和学生进一步探究。

建议

"归纳法"看起来简便易行，但教师往往发现在学生眼中抓住话题的本质与想出醒目的标语或题目仅一步之遥。对教师而言，归纳的目的并不是要求学生想出肤浅花哨的文字，而是希望他们学会独立或以小组为单位思考话题的核心观点和要素。

例如，一名学生的归纳"对指数增长的调查研究"远不如另一条"指数增长：是否具有可预见性"深入；前一条归纳仅能呈现学生的研究对象，而后一条则直指实质，表明该学生开始逐步理解数学模型的变化和增长（见图5.1）。假如学生的归纳总是过于引人注目，无法揭示话题的本质，那么教师应该立即和学生进行深入探讨，从而了解他们眼中的核心观点。

由于“归纳法”要求学生具备概括能力，假如教师发现通过归纳本身理解他们的选择相对不易，那不妨提问“归纳的深层含义”。这一方法非常有效。有时，首先要求学生思考“归纳”隐含的故事，然后写出文字说明即可。

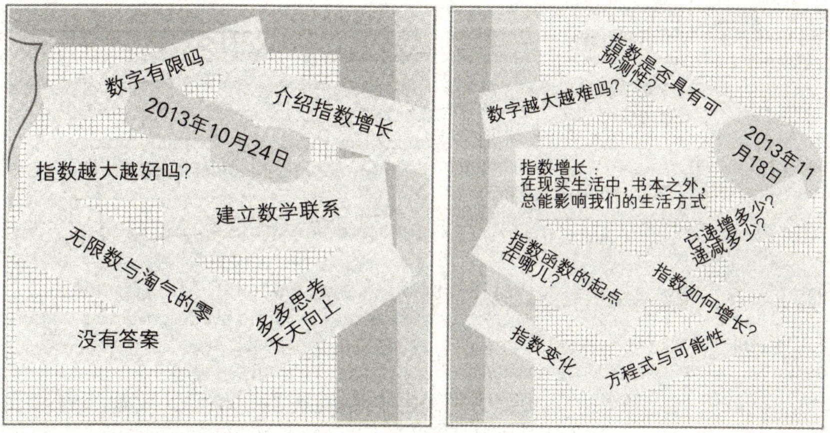

图5.1　八年级学生对指数增长的归纳

—— 研究案例 ——

嘉利·塔夫茨是密歇根州特拉弗斯城地区一所公立学校五、六年级的教师。由于她想了解学生的想法，因此在数学课上首次采用了“归纳法”。在学生学习了分数概念之后，嘉利问他们：“你们认为应该如何归纳今天的学习内容？”部分学生的归纳仅仅是在反映事实，而另外一些学生的回答因为颇具思想深度令嘉利十分惊讶（见图5.2）。

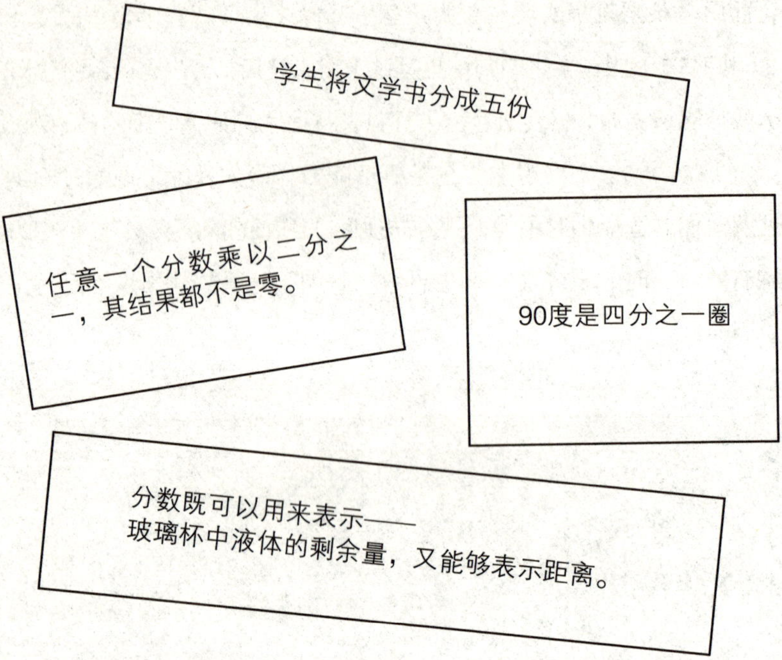

图5.2　五、六年级学生对分数概念的归纳

随着嘉利更加熟悉“归纳法”，她希望能逐步推动学生反思，并尝试透过表面现象深入研究其本质。嘉利发现虽然学生的归纳耐人寻味，但是之后她需要做大量的解读。同时，因学生在讨论不同数学话题时对于物体运动方式时拼凑出的观点和理论令她感到费解，因此，嘉利要求学生不仅归纳现阶段的学习内容，而且需要在纸张背面用几句话进行说明，分享“背后的故事”，她希望这一要求不会成为学生的负担。一方面，学生对于归纳原因的解释给了嘉利洞察学生思想的机会；另一方面，这些补充解释有助于部分学生清楚地表达自己未能在归纳中阐明的意思。

“归纳法”逐渐成为嘉利课堂教学的必备工具，因此她决定进行适当改进，拓展它的用途。在此之前，她首先要求学生独立进行归纳，然后两人一组总结出所学内容的核心思想。通过分组，嘉利能够观察学生交流和讨论观点的能力，她想向学生传递的一个重要信息是相互争论能够提高学习能力。

一旦个别小组的学生归纳出几条重要观点，嘉利会要求他们从中选择一条加以修改，然后和全班同学分享。于是，这些小组便展开组内讨论挑选其中最合适的一条，而倾听他们的解释给了嘉利无限乐趣。“这类小型讨论内容丰富，它能够帮助我了解学生的理解力和观察力。”嘉利回答道。随后，每个小组会依次向全班同学展示他们的最终选择。嘉利的最终目的是希望全班学生都能对各个小组的观点有所了解。

嘉利发现通过“归纳法”她能初步掌握学生联系话题的能力。随着对学生观点的深入了解，嘉利更加明确教学任务，她指出：“了解学生对今天课程的归纳情况能够帮我制订明天的教学计划。”同时，学生对内容的归纳能够暴露自己的错误和片面观点。在嘉利看来，教师应努力营造良好的学习环境，鼓励学生思考，而不能仅满足于指出学生的错误。

除此之外，嘉利还会定期在数学课上开展活动，帮助学生拓宽思路，回顾已学知识。结果，她发现甚至学习能力较差的学生也能够独立归纳课程内容。同时，学生在表达自己的看法时还会借用他人的观点，有些甚至是几天前贴在教室墙壁上以供展示的归纳内容。通过以上方法，学生更进一步了解了课程内容。久而久之，各组学生都能依靠“归纳法”进行思想交流。

有时，嘉利也会通过观察学生离开教室时随身携带的物品了解五、六年级学生的思维状况。一年后，在与以前的学生见面时，她特意询问学生现阶段采用的学习方法，有些学生特别强调了归纳法，这通常发生在情景教学过程中。其中一名学生指出，假如全面考核时遇到一道难题，他会问自己：“我该如何做出归纳呢？”这有助于他找到问题的答案。另一名学生告诉嘉利，每当足球教练讲解一种战术或技巧时，她都会思考应该如何归纳，从而了解核心战术；如果她还存在其他困惑，便首先进行归纳总结，然后向教练提问。

CSI：颜色、符号、图像

从你阅读、观察或听到的内容中归纳主题和核心观点，依次完成以下任务：

- 选择最能体现你观点本质的颜色
- 挑选最能体现你观点本质的符号
- 画出最能体现你观点本质的图像

颜色、符号和图像法（CSI）源于学生思维透明化的过程，该过程并不主要依靠文字描述或口头表达来实现。在与国际学校合作的过程中，我们发现，教师在教授一门新语言的时候离不开这种思路。由于低年级学生缺乏语言能力，有时无法充分表达自己的想法，运用CSI法能够深入挖掘学生的创造和表达能力，同时推动学生形成关联性和隐喻性思维方式。

目标

颜色、符号、图像法（CSI）要求学生通过阅读、观察和倾听辨别并提炼核心观点，换句话说就是使用颜色、符号、图像来分辨观点。在做此类选择时，学生离不开隐喻性思维。隐喻是培养理解力的主要工具，它能够联系新旧事物，帮助学生发现相似点和区别。简而言之，隐喻就是指两个事物之间的联系："它们两者存在共同点是因为……""这个观点让我想起它是因为……"

CSI是培养学生理解力和隐喻性思维的重要途径。不过，一般情况下，教师无须详细介绍明喻和暗喻两种修辞手法，但可以和高年级的学生进行探讨。由于学生的联想具有独特性，因此教师需要根据个人提供的解释进行理解。例如，一名学生选择黑色代表自己的观点，因为黑色代表可能性和未知性；而另一名学生则会选择蓝色，因为蓝色让他联想到广阔的天空以及无限的自由和可能性。

内容选择

教师应选择具有不同含义和解释的话题以便开展讨论，不要逃避复杂性、模糊性和差异性问题。可供讨论的内容有很多，例如个人论文、一个章节、一首诗歌、励志演讲、电台报道、一部短片等。内容既不必太长又无须包含太多具有争议性的观点，因此一个章节或一篇文章比一整部作品更为合适。教师应当为学生选择适当的话题，从而掌握他们对话题的理解程度。

步骤

1. 导入设计。在学生阅读完一篇文章、聆听过一次讲座或观看过一个视频之后，教师应要求他们思考主旨大意并记录自己感兴趣的、具有重要深远意义的内容，学生可以单独完成任务；假如首次采用这一思路，教师应完整记录学生的不同观点。

2. 挑选颜色。要求每名学生选择一种能够代表话题核心观点的颜色。一般情况下，这一任务很容易完成。教师应依次记录学生选择的颜色，假如学生能力允许，要求他们写出选择这种颜色的原因。

3. 创造符号。要求每名学生挑选一个能够代表话题核心观点的符号。符号是指具有某种代表意义的标识，例如，鸽子代表和平，“=”代表相等的概念，电脑任务栏呈现的图标代表不同应用功能，等等。教师应依次记录学生选择的符号，假如学生能力允许，要求他们写出选择这一符号的原因。

4. 勾画图像。要求每名学生勾画一个能够代表话题核心观点的图像。图像就像拍摄的照片或对场景的描绘，学生无须担心自己的绘画能力，因为他们只需简单勾勒。教师应依次记录学生勾画出的图像，假如学生能力允许，要求他们写出选择这一图像的原因。

5. 分享观点。要求学生进行小组讨论，依次分享选择的颜色及其原因：这种颜色与正在学习的文章或内容有怎样的联系？它与刚刚读到、听到或看到的重要观点有怎样的联系？不断重复以上问题，直到每位小组成员都分享了自己选择的颜色、符号和图像及其原因。

实践和改进

比亚力克学院的艾玛·弗曼决定采用CSI法考察二年级学生对新学年的期望。首先她要求学生思考二年级的意义以及用什么颜色代表二年级，随后她又让学生挑选三个符号分别代表一至三年级，并思考二年级的与众不同之处，最后她要求学生画一幅画，表达他们对二年级的期望。

澳大利亚塔斯马尼亚州霍巴特市的琼在五年级的阅读课上尝试CSI法进行教学，不过她要求学生只关注颜色一项。首先，琼将学生的名字分列成一行十二列绘制出一张班级名单，一列对应作品的一章。每完成一个章节后，在班级内部传递一次名单表，每名学生选择一种颜色填在与其名字对应的一列。等到填满全部表格后，琼要求学生展开简短的班级讨论，每名学生都需在全班同学面前解释自己选择这一颜色的原因，随后她将表格贴在公告栏中，直到下一次活动开始。因此，这张表格既能反映学习每章作品时出勤的学生，又能体现学生的个性。

CSI法有助于学生抓住化学计量概念的本质。化学计量是化学的一个分支，主要研究生成物和反应物间存在的量的比例关系。麦丽莎花费了相当长的一段时间弄清其中的比例关系并采用CSI法引导学生研究相关概念。

评价

学生在挑选颜色、符号、图像时，教师应注意观察他们抓住问题本质的能力。一般情况下学生的反应很容易捕捉，但学生对于选择原因的解释更应引起教师的关注。为什么学生会选择那种颜色或图像？它们与研究话题有怎样的联系？另外，教师为提高学生理解力，应着重考察他们对于隐喻的选择情况。最初，学生的解释浅显易懂，例如，黑色代表悲伤，太阳代表快乐，有时学生也会为故事配上插图。这时，教师需要进一步引导学生进行联想并深入思考。有疑问的教师可参照后面“研究案例”部分南森·阿姆斯特朗的教学经验。

建议

学生在选择颜色、符号和图像时，可以打乱顺序，不必依次进行。由于学习内容和个人情况不同，有些学生首先会联想到图像，有些则想到符号。CSI法的关键在于鼓励学生培养隐喻性思维，建立相关联系，抓住问题本质，因此教师不必纠结于学生的绘画能力。不过这一思路也存在缺点：假如CSI成为课堂活动的中心，那么低年级的学生容易把注意力放在颜色、符号和图像上，而不是思考本身，而高年级的学生更愿意描述而不是描绘图像。同时，有些学生为了省事会使用电脑填充工具为空格着色、使用“插入符号”工具创建符号或利用“谷歌图片”搜索图像。

—— 研究案例 ——

墨尔本卫斯理学校的南森·阿姆斯特朗决定在七年级英语课上尝试CSI法，他要求学生阅读安妮·弗兰克的《安妮日记》(*Diary of a Young Girl*)。课程开始不久，南森就把剩下的内容布置成假期作业。为了保证学生假期时能够积极阅读，开学后有讨论话题，南森要求学生挑选其中五篇日记并运用CSI法进行分析。

南森要求学生每读完一篇日记，就按规定格式完成一张CSI分析表，即在三个并列的方格内填入相应的颜色、符号和图像。学生可以在互联网上搜索图片、利用“插入符号”功能创建符号并使用“填充颜色”为方格着色，然后分别在每个方格的正下方做出简单解释（见图5.3）。

等到开学上交作业时，教室成了学生五张分析表的展览馆。南森要求学生根据作品目录进行张贴，结果教室前面的墙壁挂满了依照时间顺序排列的分析表。由于学生是根据自己的兴趣做出的选择，因此其中多篇日记都不止一张CSI分析表。学生围绕解读文本的方法进行了激烈的讨论，分别指出每张表格中颜色、符号和图像的相似之处以及差异。

南森的目的是利用CSI法帮助学生深入理解作品内容，而学生通过挑选合适的颜色、符号和图像并做出相应解释基本完成了这一要求。同时，这也为南森提供了了解学生观点的机会。在研究CSI分析表的过程中，南森发现部分学生造的隐喻句存在继续探讨的价值，于是，他开展了一场关于隐喻的课堂讨论。在学生眼中，有些隐喻一目了然，例如一条路代表一段旅程或一棵树代表成长；而另一些隐喻则相对抽象，例如水滴代表分离和融合两种状态，因为每滴水既存在独特性，而一旦汇入江河又会消失不见。

颜色：黑色。安妮看不到自己和彼得的未来，而黑色代表所有可能性。

符号：省略号。安妮在日记中表达了她对彼得痴狂的爱恋，但是她必须学会等待，等到两人打破沉默，能够做回真正的自己。

图像：苹果。安妮在日记里说到她和彼得并不像表面看起来的那样不同，就像这些苹果，尽管外表不同，但是味道相似。

图5.3　亚历山德拉运用CSI法分析《安妮日记》

基于以上对隐喻的复杂性和复杂程度的讨论，南森决定进一步推动提升学生的隐喻性思维能力。在研究作品后半部分时，南森随手画了几幅画，并要求学生将它们同文本进行联系："这几幅画能够成为我们刚才所读内容的CSI图片吗？"学生在讨论南森绘制的图画与文本内容联系的同时也在锻炼自己的隐喻性思维，因为他们需要将图像和文本的特征进行比较。

南森综合CSI法以及隐喻问题研究出一套适用于评价学生所造隐喻句的方法，其中评价标准为"1"最低而"10"最高。在接下来的学习过程中，学生继续使用这一标准进行自我评价和相互评价，而南森也通过不断修改CSI法推动学生思考能力的进步。南森有时将学生分成小组进行CSI训练，因此他们需要相互讨论并评价对方选择的颜色、符号和图像；有时他则会要求学生引用作品内容来解释自己的选择，这样一来，学生能够真正理解所学课程和观点。

收集—排序—连接—细化：概念图

选择一个话题、概念或问题，利用概念图进行阐释：

- 首先，列出看到这一话题时能够联想到的全部观点。
- 其次，根据主次进行排序，将最重要的概念放在图的中心位置，然后围绕中心依次写出其他观点。
- 再次，用连接线将具有共性的观点连接起来，并用连接词标注各观点之间的联系。
- 最后，进一步细化已经列出的观点，在此基础上进行扩展和延伸。

研究团队多年来一直致力于研究世界各地学生的概念图。姑且将学生的观点搁置一边，我们发现总体而言学生不擅长绘制概念图。这启发我们寻找绘制概念图所需的特殊思维方式，从而既能促进学生思考又能揭示他们对概念的理解。最终，我们将“收集—排序—连接—细化（GSCE）”定为绘制概念图的正确思路。

目标

概念图能够揭示学生的非线性思考模式，加深他们对于话题的理解。同时，绘制概念图有助于学生组织思路，弄清各观点之间的联系，巩固思维和理解能力。鉴于概念图的以上优点，教育工作者和研究人员在教育和研究实践过程中长期采用这一方法。不过，要想充分发挥概念图的作用，教师必须规范绘制过程（这并不等同于限制学生思考）并做出积极引导。“收集—排序—连接—细化”这一思路强调在合理利用概念图图形特征的基础上关注思维步骤的变化。

内容选择

可利用概念图进行分析的主题或概念有很多，例如，民主、栖息地、有效演示、几何等。这些主题由不同分支构成，因此存在多个层次。教师一旦选定主题，学生就能够进行发散思维，然后列出一系列观点，之后学生对核心观点的讨论能够帮助教师了解他们对主题的理解深度和广度。某些概念或观点（例如自由、力量和电力）以及过程（例如设计科学实验、制作动画电影或准备辩论）都可以运用“收集—排序—连接—细化”进行分析。一般而言，概念图的运用没有时间限制。教师可在单元伊始要求学生绘制概念图，从而掌握他们对话题的了解程度并引发相应讨论，也可在单元中间提出要求，用以评价学生对已学知识的理解情况。通常情况下，在单元学习结束后要求学生绘制概念图有助于他们设计构思一篇论文或者回顾已学知识为考试做准备。

步骤

1. 导入。了解学生对概念图的认知情况：如果学生知之甚少，教师需要解释概念图作为思维可视化的表征；如果学生熟知概念图，教师只需进行简要介绍并提醒学生按照固定顺序绘制概念图。

2. 收集。即列出与话题相关的单词、观点等。学生可以根据话题需要列出其核心、分支、流程或要求，这一步的目的在于展示学生的初始想法。由于学生能够随时补充看法，因此在进行下一步前只需列出五六条观点即可。

3. 排序。要求学生由主到次进行排序，将核心概念放在概念图的中心位置，围绕中心向外发散。如有需要，教师可以将学生分成小组完成任务，这有助于引发组内激烈的讨论。

4. 连接。要求学生将相互关联的概念连接起来，并用连接词说明概念之间的联系，其中相互关联的概念是指高一层级及其次级概念或一前一后两个概念。

5. 细化。要求学生挑选几条核心概念进行详细阐述，分解出子概念。

6. 交流。将学生分成两人或多人一组进行讨论，注意学生对于构建概念图时概念选择、概念关联和排列顺序的讨论。

实践和改进

一般情况下，学生可以自主选择排列方法，不一定非得按照由主到次的顺序。例如，学生可以根据时间先后或是否具备代表性来进行排序，还有学生设计运用一系列的同心圆表示观点的影响力。

珍妮·罗西是美国密歇根州布隆菲尔德山路小学三年级的教师，她采用"收集—排序—连接—细化（GSCE）"评估学生对几何课的掌握情况。她首先要求学生列出一张关于已学知识的表格，每当学生想出新观点，珍妮就给他们发一张卡片用以记录，之后向全班同学展示。同时，她还要求学生依据共性而不是主次排列卡片。例如，学生在对图形的形状进行分组时主要依据图形有几条边和图形的对称线进行排序，把观点写在卡片上有利于学生灵活分组，如果需要可以随时更换。最后，珍妮要求学生说明各组图形的联系，并将学生的观点记录下来。至于"细化"，她以金字塔和棱镜作为教学内容。等学生完成全部任务后，珍妮把学习成果用概念图的形式呈现出来。

比亚力克学院的历史老师萨隆妮·布卢姆决定采用GSCE帮助九年级的学生复习考试。首先，她召集全班同学站在教室门外，一次只允许两到三人进入，同时在白板的中心位置写下了此次的研究话题"中世纪犹太人的生活状况"。萨隆妮要求第一组进入的学生围绕以上话题每人补充一个观点，例如一件历史大事抑或一个相关主题、概念或想法。随着越来越多的小组进入了教室，萨隆妮改变了教学指令，要求之后进入的学生在了解已有观点的基础上用线条把存在关联的事件、概念或想法连接起来。等所有学生都进入教室后，萨隆妮又要求大家一起补充、连接和细化概念。然后，她向学生展示完成后的概念图，询问他们其中的不足以及存在的分歧。之后，学生便会展开一场生动的讨论。一名学生注意到悲剧事件的位置更接近概念图的中心，因此提出了这样的问题："为什么我们总习惯将悲剧和灾难摆在比快乐平静的时光更为重要的位置？"于是，学生开始讨论灾难与历史转折点的关系。同时，他们还谈及人性问题以及人们往往过于关注消极影响而忽视了生活的美好。

评价

按照"收集—排序—连接—细化（GSCE）"的思路制作出来的概念图信息丰富，包含学生对话题的了解程度、概念之间的关联性以及独个概念与整个图表的关系。教师应密切注意学生提出的观点以及观点的排列位置，了解学生能否分清主次并找到最重要的观点；"细化"有利于教师掌握学生对话题的理解程度，同时，教师应考察学生划分概念的能力，检验他们能否发现深层次的联系。如果研究的是学生熟悉的话题，教师可以适当简化GSCE，在单元末尾运用概念图检查学生思维的进步情况。

建议

"好的开始是成功的一半"，因此成功绘制一幅概念图主要取决于学生的初始观点。教师可以让学生先独自列出观点，然后进行分组讨论，这为"排序"奠定了良好的基础。此外，学生在"收集"的过程中，可以随时补充新观点。一般而言，教师最好为学生准备大张白纸。如果纸张大小适宜，学生能够写出更多观点、更容易连接和细化观点，并且更加重视观点的排列位置。

—— 研究案例 ——

比亚力克学院的教师拉文德（拉维）·格雷瓦尔在英语课上与十二年级的学生探讨美国越战作家蒂姆·奥布莱恩的小说《林中之湖》（*In the Lake of the Woods*）的写作主题。小说的主人公是一位名叫约翰·韦德的越战老兵，战争在他心中留下了不可磨灭的精神创伤。研究这本内容深刻的小说有利于锻炼学生剖析人物性格的能力，帮助他们在毕业考试中取得优异成绩。

在阅读和讨论过这部小说后，拉维要求学生分析导致约翰·韦德精神世界崩塌的原因。她决定采用“收集—排序—连接—细化（GSCE）”帮助学生组织语言并深入分析，而不是指导他们写一篇分析性文章。因为她相信GSCE能够激发学生讨论的热情，帮助他们重新审视自己的观点。拉维表示：“我希望给予学生自由讨论和联系观点的空间，即使结论错误也不必担心。同时，学生才是讨论的主要参与者，教师不应成为主导。”

由于这是拉维第一次在班内采用GSCE进行教学，为了明确方向，她告诉学生：“我希望每个人都能开动脑筋，认真思考所有可能对约翰·韦德产生影响的因素，然后把原因全部记录下来。”她在给予学生充分的思考时间之后又下达了另一个指示：“请大家按照主次顺序，把你认为最重要的观点写在靠近图中心的位置，然后依次向外排列。”接着，拉维又指导学生将图中能够相互补充或相互影响的因素连接起来。最后，她要求学生细化观点、添加文本细节，从而加深他们对作品的理解（如图5.4所示，这是一张分析约翰·韦德性格的概念图）。

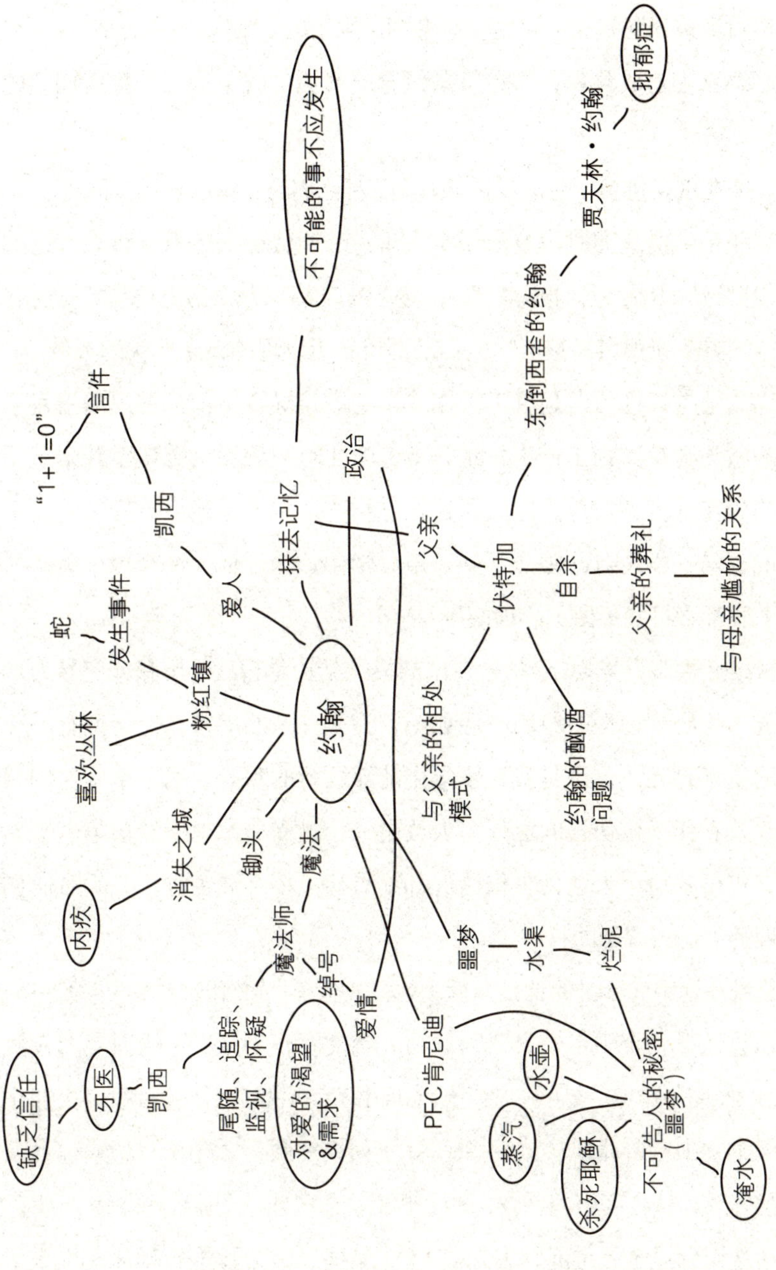

图5.4 泰伦关于约翰·韦德的性格分析概念图

等学生独立完成概念图之后，拉维将他们分成几个小组，要求各组遵循相同步骤分别完成一幅小组概念图。她指出：“各小组在完成‘排序’之前必须首先达成共识，讨论每条概念的最佳位置，这正是我所期望的课堂讨论模式。”

拉维在观察每名学生的组内表现时，对他们的讨论内容印象深刻：“学生在制作小组概念图时需要借用个人观点，比较每一条重要概念，进一步阐述自己的看法，这样提高了‘排序’的效率。以小组形式完成‘连接’能够容纳更多新观点，甚至学生自己都讶异于发现的概念层次的数量。”

究竟是越战经历还是童年时期父亲的虐待导致韦德精神崩溃引发了学生的激烈讨论。为了得出肯定答案，学生首先假设韦德童年并未遭受父亲的虐待并丧失自尊，然后讨论在这样的情况下他能否承受越南战争造成的创伤。学生对此观点不一，部分学生认为任何人在经历过美莱村大屠杀后都不可能不留下心理阴影。

拉维通过观察发现：“学生得出的最终结论是越战经历和家庭暴力均为造成韦德心理创伤的原因：假如不曾遭受父亲的虐待，他会拥有一段美好的童年时光。这正是我期望学生能够理解的观点，我不希望他们将韦德仅仅看作一位伤残的退伍军人或是一个遭受父亲虐待的孩子。当学生最终告诉我每个人遇到类似情况都不可避免精神痛苦时，我明白他们已经理解了这一问题的核心。”

拉维在这节90分钟的课结束后，要求学生思考如何以“约翰·韦德——一个怪物还是一个不幸的人”为题写一篇文章，为第二天的课程内容做准备。“收集—排序—连接—细化（GSCE）”的思路以及随后的讨论都在学生的论文中有所体现，拉维指出：“通过对多种因素的探讨，学生意识到人是一系列社会经历的产物，因此不能随意把某一个体称作怪物。同时，他们还认识到‘金无足赤，人无完人’，某些经历会暴露个人的缺点。”

拉维在回顾学生第一次运用GSCE的经过时发现："学生更愿意聆听他人观点，和其他同学讨论自己绘制概念图时所做的部分决定。尽管知晓了不同的观点，但是学生不会轻易改变自己的看法。不过，假如对方的观点有理有据，他们也能够理性地接受。经过GSCE训练，学生能够遵循'收集—排序—连接—细化'的思路绘制出结构严谨的概念图，这一点令我十分欣慰。"

拉维在总结自己采用GSCE的心得时说道："它能帮助我制订教学计划，了解学生的思考过程，鼓励学生在没有教师指导的情况下自主采用这四个步骤分析各种文学作品，这有利于培养学生独立思考的能力。就好比向大脑传递适当的信号，指示它'排序''连接'或探究原因。"

联系—拓展—挑战

根据你所阅读、观察和听到的材料，思考下列问题：

- 这些新观点/信息与已有知识存在怎样的联系？
- 如何利用新观点/信息拓展思路？
- 看到这些观点/信息你有什么疑惑？

我们研究团队在寻找全新的教学方法时发现了过去教育方式的缺陷（特别是学校教育）：教师总是不断向学生灌输知识，但从不要求他们进行思考。就其本质而言，聆听不等于学习。尽管通过阅读、观察和倾听，学生的确能够掌握不少知识，但他们只是被动地吸收知识，却不会应用。为帮助教师区分积极聆听和被动聆听，我们团队探索出一条具有广泛适用性的思路：联系—拓展—挑战（CEC）。该思路通过引导学生联系新旧知识、进行拓展训练、寻找全新的思考角度或提问策略从而挑战自我，最终提高他们处理信息的能力。

目标

一般而言，课堂教学内容分散，缺乏完整体系。而“联系—拓展—挑战（CEC）”有助于学生建立知识体系和培养提问意识。一方面，它为学生提供了思考空间和方法；另一方面，学生必须围绕一个主题进行思考，这有利于教师了解学生的思维过程。

“联系—拓展—挑战”要求学生首先进行阅读、观察或聆听，然后思考新旧观点之间的关联性并寻找思路拓展的方法。教师在向学生讲解“联系”和“拓展”时，应指出观点和想法的动态性（即它们能够不断发展、深化）以及学习与吸收新知识的关系。同时，学生还应学会提问，锻炼自己研究问题或概念的能力。除此之外，“联系—拓展—挑战”还要求学生通过观察和分析难点，树立问题意识，善于发现核心观点，从而提高自身理解力。

内容选择

培养学生主动获取和处理信息的能力是“联系—拓展—挑战”的目的之一。学生应该在掌握充分信息的基础上利用这种方法进行综合整理，因此它一般出现在一节课、一段文章或一个单元之后，我们研究团队通常选择在为期一周的研究结束后运用这一思路来处理信息。由于“联系—拓展—挑战”具有关联性的特点，因而它的适用面较广。教师在选择教学内容时，不妨问问自己：这一内容和以前学过或已经了解的内容有什么联系？学生能够分辨新信息吗？学生能够提出问题吗？

步骤

1. 导入。学生在听一则故事、读一篇文章、观看一段视频、参观一次展览或参加一次活动之前，教师应该首先提醒他们关注新旧知识的联系，同时鼓励学生改变思考角度，为可能出现的挑战和难题做好心理准备。

2. 联系。活动结束后，要求学生思考这段经历与他们已有想法之间的联系，并记录下来，例如，教师可以提问："你刚才听到的信息与已有观点有什么联系？"在小组讨论之前，教师应该给予学生充分的时间以便他们进行记录。

3. 拓展。启发学生思考扩展、深化思维的方法，例如，教师可以提问："你怎样拓展自己的思路，是通过改变思考角度还是进行深层次的思考？"然后，再次要求学生记录下自己的观点。

4. 挑战。鼓励学生挑战自我、提出疑问，例如，教师可以提问："看到这些观点/信息你有什么疑惑？"

5. 交流。把学生分成几个小组讨论对"联系—拓展—挑战"思路的看法，并且向小组其他成员解释自己的回答或想法。学生可以依次讨论自己对"联系""拓展""挑战"的看法，保证每个步骤都能得到应有的重视。在此基础上，教师应收集各个小组对三个步骤的回答并制成表格向全班同学展示，以便学生了解各组的新观点。

实践和改进

美国密歇根州特拉弗斯城的教师吉姆·莱塞尔在六年级的社会课上和学生探讨世界不同地区的土著文化。为了加强学生对土著文化的理解，吉姆给学生展示了由土著居民制作的代表民族文化特征的工艺品图片。吉姆首先要求学生仔细观察这些图片，并说明图片与他们之前对这个群体认识的联系。然后，他利用图片引导学生进行发散思维，分析教科书中未涉及的文化知识。最后，他鼓励学生主动提问，表达在学习过程中产生的疑惑。在此基础上，学生继续运用“联系—拓展—挑战”这一思路分析气候和地理环境对土著文化的影响。

美国阿姆斯特丹国际学校六年级的教师马克·丘奇在讲解面积和周长的数学概念时要求学生依照“联系—拓展—挑战”的思路记录他们关于“联系”和“拓展”的回答，这一学习过程持续了五周。之后，马克将学生的回答分成具有共性以及独特、有深度的两类张贴在教室的公告栏中，他想通过这种方式展示学生五周以来的学习成果。同时，马克希望通过公告栏的展示以及课堂讨论，学生能够对自己数学思想的动态变化有一个直观的认识。随着课程的逐步展开，越来越多的答案被公布出来，这有利于学生思考面积和周长之间存在的关系并寻找两者的共同点加以记忆。此外，这些学生还在社会课老师的指导下运用“联系—拓展—挑战”以古人类化石“露西”的考古发现为例探讨早期人类的起源问题。

评价

根据学生对“联系”“拓展”的回答，教师能够掌握他们对话题的理解程度以及其他同学的观点对他们产生的影响。例如，学生能够辨别不同观点之间的相似之处和细微差别吗？他们是否总把每次课程看作一次全新的体验，孤立地看待新旧知识？他们能否将本次探讨的观点/概念与其他科目或课外知识进行联系？

接纳学生的不同观点有助于教师观察那些容易被忽视的问题并探究“联系”“拓展”对教学的促进作用。教师不妨将学生的答案制成表格以便学生互相借鉴和讨论，从中选择他们眼中的最佳答案。这种择优选择和小组讨论能够为学生提供参考，有利于他们建立新旧知识的联系并探索新的学习领域。

建议

学生熟悉“联系—拓展—挑战”相关术语不能一蹴而就，因此教师在实施过程中必须保持耐心。此外，教师应提供参考样本指导学生写出最佳答案。第七章我们将重点讲述马克·丘奇对“联系—拓展—挑战”的改进以及“联系—拓展—挑战”如何为他的教学过程提供指导。

教师对“联系—拓展—挑战”的步骤越熟悉，越能更好地引导学生进行交流。假如不分小组进行交流，那么教师可以自行分析每名学生的想法。教师在了解过个人或小组的回答后，不妨要求学生挑选两至三条最有助于理解话题的答案并解释自己选择的原因。

完成了“联系”和“拓展”这两步后，就进入到了“挑战”的环节。学生可以通过归纳法抓住问题的本质，理解复杂概念，从而挑战自我（具体步骤见第121页“归纳法”）。这里需强调一点，教师没有义务回答或解释学生提出的所有疑问，大部分答疑解惑的任务应该由学生自行承担。教师只需引导学生深入研究主题，而不是替他们解决所有难题。

最终，一旦学生熟悉“联系”“拓展”和“挑战”的步骤并掌握了回答技巧，那么教师可以组织他们进行归纳整理。不过，假如教师操之过急，则只会事与愿违。

—— 研究案例 ——

纽约市先锋高中的乔什·海斯勒老师找到了“联系—拓展—挑战”这一思路与人文课程的结合点。“种族和社会成员是我的教学内容之一，具体研究方向包括：美国帝国主义时期的发展特征、不同历史阶段美国人对外国移民的看法、美国与世界其他国家的早期矛盾冲突（例如世界贸易竞争），等等。除此之外，一些内容复杂且具有争议性的话题（如优生学运动）也是我们的研究对象，”乔什说，“这些话题彼此关联值得深究，因此我希望能够引导学生找到它们之间存在的联系。”于是，他开始探索运用“联系—拓展—挑战”思路的具体方法和适用环境。随着乔什的不断试验，“联系—拓展—挑战”也得到了发展。

乔什第一次采用“联系—拓展—挑战”是在一节阅读课上，当时学生正在学习美国作家霍华德·法斯特的历史小说《自由之路》（*Freedom Road*）。故事发生于美国内战结束后的重建时期，背景则设定在南卡罗来纳州。主人公基甸曾是一名奴隶，为了追求自由和独立他购买了一块土地，这在当时属于激进行为。最终，在社会各种势力的不断打压下，基甸的自由之梦彻底破灭。等到学生阅读了一部分内容后，乔什给每个人发了一张“联系—拓展—挑战”分析表，要求他们利用这张表格来解读文本。乔什表示：“学生经常能写出一些复杂有趣的‘联系’，有些甚至我都没有想到。同时，他们还会进行发散思维，联系种族和阶级对社会产生的影响，这完全出乎我的意料。”这让乔什感到十分惊喜，因为从一开始他就看到了“联系—拓展—挑战”对提高学生表达和理解能力的重要作用。

之后，乔什开始寻找优化和丰富学生思维的方法。为了提高学生的应答能力，他只给学生提供句子的前半部分，这有利于学生充分展开联想，写出更多答案。经过一段时间的训练，乔什发现越来越多的学生能够写出寓意深刻的答案（见表5.1）。

表5.1　某高中应用“联系—拓展—挑战”的阅读笔记

根据阅读材料选择四句话完成“联系”“拓展”“挑战或提问”。	使用下列任意句子进行改编： 联系：“这句话让我联想到……” 拓展：“这句话能够拓展我的想法，因为……”或“过去我认为……但现在我认为……” 挑战：“这句话让我疑惑的是……”
●“假如要推行种植园经济，那么就得先把房子腾出来。”	这句话让我联想到《印第安人迁移法》——要么将印第安人同化，要么把他们驱逐出祖居地。
●“一看到手持武器的黑人，那些支持奴隶制的白人就会吓得瑟瑟发抖。”	这句话让我联想到托马斯·杰斐逊总统所说的“执狼耳”，支持奴隶制的白人害怕黑人会聚集起来反抗。
●“现在我们有统一的主人——耶稣，他既不会向我们征税也不会把我们驱逐出去。”	这句话让我联想到纳特·特纳的观点，他认为信仰上帝是通向自由的钥匙。
●“被解放的奴隶有获得土地的愿望，武装的黑人士兵一旦出现，他们就会联合起来与白人作斗争。”	这句话能够拓展我的想法，因为过去我认为黑人最终会被驱逐出自己的家园，但现在我意识到他们不会轻易放弃，他们会抗争到底。
●“黑奴们拿起武器，誓要将白人驱逐出自己的土地。”	这句话令我诧异，因为基甸居然雇用艾伯纳·莱特（一位白人佃农）帮他买地。

虽然最初的研究成果颇丰，但是乔什认识到学生的回答要想切中要害，就必须首先了解深层联系的含义。乔什花了近两年的时间专门研究学生眼中的“联系”，他说：“这两年我一直训练学生的联系能力，因此

我认为他们已经做好了接受思维品质评估的准备。”乔什首先给学生布置了两个任务：一是阅读美国作家埃德加·赖斯·巴勒斯的《人猿泰山》（*Tarzan of the Apes*）；二是分析与社会达尔文主义相关的复杂理论。然后，他在教室前面贴了两张标题分别为“一般联系”和“最佳联系”的表格。之后，乔什要求学生查阅笔记，为每种类型的联系举出几个例子。一旦学生给出例证，他就在表格适当的位置记录下来，这有利于学生区分“一般联系”和“最佳联系”。乔什的最终目的是在学生中树立最佳联系的标准，而学生通过分析讨论能够在未来学习过程中学会发现联系（见表5.2）。

表5.2　某高中建立最佳联系的标准

一般联系	最佳联系
●《人猿泰山》这本书让我联想到了《森林泰山》，因为泰山和乔治都会爬树。 ● 阅读了泰山的故事之后，我联想到了吉卜林的一首诗《我们和他们》。	● 泰山与猿猴和非洲人的关系就好比是“我们和他们”的关系——这有助于增强我对“我们和他们”的认识。 ● 泰山自学读书的场景让我想起了19世纪美国废奴运动领袖弗雷德里克·道格拉斯的观点——教育能够比肩权力，因为接受教育使人更加聪慧。 ● 泰山与水手和非洲原始部落等截然不同，正如社会达尔文主义倡导的那样——弱者和穷人无法适应环境必将遭到淘汰，而富人可以生存下来。泰山是“适应”环境的强者，因为他有尊贵的血统。

续表

一般联系的特点和评价	最佳联系的特点和评价
● 内容枯燥、观点陈旧、缺乏细节说明，不像一条解释，更像一句陈述——这并不是真正的分析，而是“走捷径”，因为描述得过于笼统。	● 包含深刻的联系、细节和观点，具有多元视角；内容新颖、引人入胜，有助于新观点的提出。
● 没有提供论据、故事发展的线索——过于简单，这种联系不起任何作用，对思考能力的提高也没有帮助。	● 观察细致、理解深入，有助于学生提出新观点并展开联想；有利于学生集中注意力并拓展思维，从而使想象力更加丰富。

“过去我总认为教师要求学生理解某一概念，学生就只会投机取巧不深入思考。后来，我才发现他们只是不知道该如何表达，”乔什说，“这就是我注重培养学生联系能力的原因，我希望他们能够不断获得突破。”随着时间的推移，乔什越来越意识到学生主动思考和自我评价的重要意义。

4C：联系—质疑—观点—变化

请仔细阅读文本，然后回答下列问题：

- 联系：文本和你的学习、生活有哪些联系？
- 质疑：你认为文本中的哪些观点、立场或假说存在问题？
- 观点：文本有哪些发人深思的重要观点？
- 变化：通过分析文本，你和他人的态度、思想和行为有什么改变？

非小说文学能够为不同学科领域提供资料，同时适合各个年龄阶段的读者。一般情况下，人们总是理所当然地认为描述事实的非小说文学的唯一用途就是提供信息来源。不过，事实上它还存在发人深省、引发广泛讨论的作用。“联系—质疑—观点—变化（4C）”有目的、有计划地启发学生思考，从而帮助学生深入挖掘文本内涵。

目标

4C作为文本分析的一种方法，它要求学生从联系的角度出发，不断提出质疑，寻找核心概念，最终学会灵活运用。同时，它还鼓励学生有目的地反复研读文本，捕捉其中蕴涵的丰富信息。虽然4C最初用于对非小说文学的分析，但是对其进行简单改进就可以用来解读小说。

4C的每个步骤都对应一种视角，这有助于学生把握文本、细细品味。它提倡在细读文本时联系自己的生活经历，使内容更加生动丰富。尽管“联系—质疑—观点—变化”的思考顺序能够保证讨论的顺利进行，但是对于理解文本并没有直接作用。“质疑”要求学生在阅读非小说类文学作品时保持批判性思维，不偏听偏信。为寻找文本主题并理解文本传递的信息，学生需要在比较各种观点的同时学会优先考虑、分清主次。文本会对学生的行为产生影响，甚至改变他们的思考方式使之转而考察文本信息的来源和用途，而这一过程离不开分析和综合。

内容选择

由于复杂概念蕴含丰富的信息可进行多元解读，因而选择内容复杂的文本能够最大程度地发挥4C的作用，引导学生抓住核心观点，激发他们讨论的热情。文本来源包括评论文章、报纸摘要、科学报告、学术文章、个人论文和部分教材等。不过，教材通常只传授重要的知识点，不表明任何立场或态度，因而不适合用来讨论。除了文本，某些视频或励志讲座（例如TED演讲）也可以作为4C的分析材料（网络来源：www.ted.com）。

除此之外，教师也可以把4C法与小说阅读结合起来。不过需要注意的是，由于小说体裁的特殊性，在分析之前应该适当修改4C法的教学指令语。例如，在“质疑”这一步，教师可以要求学生说明他们所不认同的人物行为；“观点”应该与对小说主题的分析挂钩；而“变化”指的是随着故事的展开，人物行为的改变和改变的原因。有时，为了让学生更好地理解小说，教师也可以适当进行提问：“这个故事对你的思考方式产生了什么影响？你从中汲取了什么教训或学习到了哪些重要观点？”

步骤

1. 导入。假如文本内容过长，教师可以要求学生提前预习或在课程开始时留下充足的阅读时间。之后，向学生简单介绍4C的框架结构以便进行文本分析，并将4C的步骤写在显眼的位置方便学生随时参考。

2. 联系。启发学生寻找能够产生共鸣的文本内容，即他们的亲身经历或与已学知识相关的信息。要求学生熟读自己选择的文本内容，以小组为单位进行分析解读。

3. 质疑。学生在阅读过程中需要不断质疑，包括自己反对、怀疑或者需要更多信息才能判断的观点或立场，然后与其他同学讨论自己的疑问。假如分析的是一本小说，那么学生应该格外关注人物的行为。

4. 观点。学生应该学会标注文本的要点、概念或主题，然后进行简单评论。这样，即便对方没有阅读过文本，也可以一同探讨。一般不建议学生直接摘录文本内容，不过教师可以适当提问，从而调动学生思考的积极性。

5. 变化。这一步要求学生在回顾文本内容的基础上，思考其中蕴涵的启示和道理。为了进一步分析文本，学生不妨思考这样一个问题：文本所倡导的行为或包含的立场是什么？同时，学生应关注文本观点对自己思想、行为的影响。尽管这种改变并不来源于文字本身，但是学生可以借用文本细节给予回应。假如分析的是一本小说，那么学生应该把关注点放在对人物行为变化以及变化原因的解读上。

6. 交流。在前面的步骤中，学生每推进一步都需要展开一次讨论。为了减少讨论的次数，最好的办法就是教师在课程开始时详细解释4C的每个步骤，然后再逐个讨论。不管采用哪种方法，教师都需要在讨论结束后进行总结：这种方法对学生深入理解文本有什么帮助？4C的分析材料容易寻找吗？讨论过程中学生对哪些观点感到诧异？

实践和改进

比亚力克学院一年级的教师洛兹·马克第一次尝试运用4C法是在一节小说阅读课上。她把学生分成五人一组，每组发一张四等分的表格，然后向学生简单介绍了4C的概念和每个步骤。之后，她要求学生找出故事与生活的联系、自己质疑的观点、故事蕴涵的道理以及其中包含的新信息。

除此之外，洛兹还指导学生用同样的方法讨论初级系列读本中的一则故事《弗拉和鲁特》（*Feraj and the Lute*）。她提出的问题包括：故事和你的学习、生活有哪些联系？你认为故事中的哪些观点或立场存在问题？故事有哪些发人深思的重要观点？阅读了这则故事后，你看待事物的角度有什么改变？洛兹把每个小组对以上问题的回答记录在表格中。

朱莉·兰德沃格所在的“伊萨卡项目”每月召开研讨会时都使用4C法来指导项目资料的讨论。每次会议前，朱莉首先把本次讨论的资料发给与会者，并要求他们提前做好准备。由于流程安排紧凑，40分钟的会议只有一名主持人衔接4C的每个步骤，一名记录员负责记录会议内容并把讨论的结果公布在维基网页中（详细情况可参阅第七章）。

评价

学生在“联系”“质疑”“观点”和“变化”每一步所做出的选择和回答有助于教师了解学生对文本及其主题的理解程度。学生的回答能够帮助教师弄清几个问题，包括：学生阅读文本时是否只联系个人经历，还是会结合其他学习内容？学生能够深入理解文本的内涵吗？假如学生对文本存有疑问，他们会提出怎样的问题？学生能够抛弃成见、防止过度解读，正确看待文本提出的观点吗？学生能够找到共同关注的话题或观点吗？他们能够分清主次吗？学生在解释他们观念的变化以及变化的原因时，教师不妨跟着学生的思路一起探讨。

建议

尽管按照“联系—质疑—观点—变化”的原有顺序进行讨论往往最有效，但是却不适用于阅读或者反思文本。不过，学生第一次接触4C时，教师最好依照如上顺序进行；等学生熟悉4C的步骤之后，可以进行适当调整以便他们更好地记录课堂笔记或讨论问题。教师可以在学生阅读文本内容之前首先介绍4C法，这样随着课程的展开，学生能够给予教师所期望的回应。当然，教师也可以在最后总结时向学生提问，这时学生更加熟悉4C的流程和要求，能够更好地在讨论中发挥主导作用。

一般情况下，教师希望学生能够对文本进行完整充分的讨论，不过从4C的每个步骤出发展开一场讨论也未尝不可。例如，教师可以询问学生：“你能把这篇文章和本学年学习过的其他知识联系起来吗？你注意到人物有哪些变化？”

4C法适用于以文本为基础进行的讨论，尽管有时学生不习惯这种讨论模式。它以引用文本细节作为讨论的起点，这能够防止学生脱离文本或偏离主题，因而在讨论过程中教师需要时刻提醒他们提供文本参考。为了保证讨论的顺利进行，讨论开始前学生就应明确标注将要分析的文本内容；而讨论时发言者应该说明具体页码和段落，与其他学生一同探讨问题。

—— 研究案例 ——

比亚力克学院五年级的教师莎洛伊·辛格在指导学生阅读路易斯·萨奇尔的小说《别有洞天》(*Holes*)时发现，这是一本值得深入解读的小说。于是，她开始寻找介绍和分析这部作品的最佳方法，结果发现从4C的思路入手有利于扩展学生思维，加深他们对小说的理解。“这本小说情节丰富，因而需要一条崭新的思路，4C法正是我迫切需要的教学方法，只是我还没有掌握具体的操作方法。”莎洛伊如是说。

4C法为莎洛伊提供了解读《别有洞天》的具体方法，方便她在学生阅读后进行提问。不过，这部小说对于五年级的学生来说内容过长，因而莎洛伊决定在学生阅读这本小说之前首先介绍4C，这有助于他们更好地把4C和小说情节结合起来。莎洛伊给学生详细介绍并解释了4C的具体含义，她以晨报为例讲解如何利用“联系”“质疑”“观点”和“变化”来分析文本。同时，她要求学生在阅读小说的过程中时刻想着以上四个步骤，并且把对故事的看法写在书本的空白处。

莎洛伊注意到学生每阅读一章作品就越加深思熟虑，越接近作品的尾声，学生讨论的内容也越深刻。他们甚至联系当前世界普遍关注的问题，例如种族隔离、种族歧视、种族主义等。在分析文本内容时，即使没有莎洛伊的敦促，学生也会自觉采用4C法。同时，她还惊喜地发现某些沉默寡言的学生也能够积极融入讨论之中，与其他同学分享自己的观点和立场。

学生完成小说阅读的当天，莎洛伊就在教室的四面墙壁上分别贴了一张表格，每张表格的标题均用大号字体打印出来，它们分别是“联系”“质疑”“观点”和“变化”。莎洛伊要求学生回顾他们阅读小说时的想法并翻阅记录，引导他们把注意力放在表格上。她要求学生仔细思考问题：“现在，我希望大家思考这部作品真正吸引你的原因。你认为小说的主旨是什么？生活中发生过类似的事件吗？你对哪些观点和事件存有疑问？整部作品描写的人物态度和行为有什么变化？”然后，她给全班同学分发便利贴，要求学生写下每一个问题的答案并贴在表格的适当位置（参见表5.3）。

表5.3　五年级学生运用4C法分析《别有洞天》

联系	质疑
● 在家里我因为没有做过的事情而受到责骂，但通常我并不解释。就像主人公斯坦利一样，我总是处在错误的时间错误的地点！ ● 这让我联想到了《攀登峰顶》这本书，它讲述了埃德蒙·希拉里爵士在极度缺乏物资的情况下成功登上珠穆朗玛峰的故事。斯坦利和泽罗在山上只能靠洋葱生活。 ● 我记得书中有这样一句话“责怪别人让我感觉良好”，有时我也会因为某些事情指责我弟弟。	● 为什么明明身处困境，斯坦利仍觉得自己是去野营？ ● 每个人都认为泽罗太没用，但是除了斯坦利他从不向别人展现自己。 ● “绿湖营”的人为什么总认为辛苦劳作能够培养一个人的品性？ ● 为什么书中重复了很多遍“我不是女童军”？——女孩儿并不软弱！

续表

联系	质疑
● 以文解文——《天使洞穴》和《别有洞天》。《别有洞天》这本书一旦谈及过去的事情就会使用不同的字体，这点与《天使洞穴》一致。 ● 彭丹斯基博士认为泽罗的脑袋空空如也，我也一样，因为我常被别人叫作笨蛋。	
观点	**变化**
● 不要轻言放弃！只要不停尝试，你终将成功。 ● 假如你一直生活在洞里，那么唯一的出路就是往上爬。 ● 友谊。 ● 坚忍。 ● 相信自己。 ● 领袖地位。 ● 决心。 ● 帮助朋友。 ● 果敢。 ● 种什么因结什么果。 ● 不要以貌取人。	● 作品清楚地表明了当时（甚至现在，也许有所缓解）人们对有色人种的歧视。 ● 凯特过去是个漂亮的女人，但是萨姆的死彻底改变了她，这说明某些事能够永远改变你对事物的看法。 ● 我认为斯坦利的父亲不应该和鬼鬼祟祟的人混在一起，不过在书的结尾处我改变了这种想法。 ● 斯坦利自从拿到那双从天而降的运动鞋后，生活就发生了翻天覆地的变化。他被拘留后又被带到“绿湖营”过了一段艰难的时光，即使这样，斯坦利依旧认为自己是幸运的！ ● 书读到一半时，我意识到泽罗不是白人。

等到学生完成全部任务，莎洛伊又要求他们仔细观察、讨论每张表格上的观点，探讨其中存在的共性。莎洛伊在总结4C对她个人的影响时指出："利用4C分析小说，我个人的思维也得到拓展。作为一个成年人，我拥有更多的生活经历，因而和学生观察人物、事件的角度不同，可是没想到学生的讨论对我的思想也产生了不小的影响，可谓'教学相长'。"

模拟实验设计法

仔细思考规定话题，然后三人一组进行练习：

- 交流：在规定时间内（1~2分钟）小组第一位发言者进行发言，其他小组成员仔细聆听，其间不得评价或打断。
- 沉默20~30秒，思考前一位发言者的发言内容。
- 然后，第二、第三名发言者重复以上步骤，每人发言完毕沉默20~30秒。
- 最后，小组讨论5~10分钟，互相做出评价、比较。

模拟实验设计法最初是由教育平等国家联盟的朱利安·韦斯格拉斯所提出的一种讨论模式，之后蒂娜·布莱斯对其进行改进。模拟实验法能够确保参与者在平等表达自己想法的同时聆听他人的观点。虽然模拟实验法本身不是一种思维过程，即不包含具体的思维步骤，但是它对揭示学生的思维过程和指导小组讨论具有十分重要的作用。因此，模拟实验设计法已经成为课堂教学和教师研讨会的必备工具。

目标

学生在课堂上进行小组讨论时经常容易偏离话题，或者一人滔滔不绝而其他人只听不说，模拟实验设计法旨在确保学生的平等参与度和贡献率。学生的讨论时间完全由教师掌控，这样所有小组都能得到同样关注。两段发言之间的空隙时间为学生思考前一位发言者的发言内容提供了机会，有利于整个小组重新定位。三人一组的发言模式相对减少了沉默时间，因而成为模拟实验设计法的最佳交流方式。

等全部学生发言完毕，就可以开始小组讨论，讨论方法包括联系观点、解释疑问、强调主题、深入探讨等。经常在教学过程中使用模拟实验设计法有助于培养学生良好的聆听、借鉴和联系的习惯，同时提高了学生的自信心和独立表达能力。

内容选择

众所周知，话题选择对讨论成败起着至关重要的作用。成功的讨论来源于耐人寻味的话题，而从不同视角出发能够丰富讨论的内容。模拟实验设计法适用于考察个人对时事政治的看法、反映个人的知识水平、处理个人计划、讨论解决问题的策略等，同时，它还适用于自我反思，例如，如何成为优秀的读者或作家？你认为自己哪些方面需要得到改善？不管怎样，假如讨论内容不只包含交流观点，那么教师就不得不考虑怎样安排才能让各小组学生受益。

开始讨论前学生应做好相应准备，包括对讨论材料的准备。假如小组成员毫无准备，那么讨论不存在任何意义。为了帮助学生提前做好准备，教师可以尝试将模拟实验设计法同其他教学思路相结合从而训练学生的反应能力。例如，实地考察后教师可以要求学生结合“联系—拓展—挑战”

或“过去我认为……但现在我认为……”写一篇书面报告。

步骤

1. 导入。教师应提前告知学生自己期望的讨论话题和讨论结果，以及留给学生的回答（通常以书面形式呈现）时间；要求学生归纳材料，根据材料数量分配时间（通常5~10分钟）；然后，向学生详细介绍模拟实验设计法的目的、方法、时间安排（包括讨论和沉思时间）；要求学生三人一组报数确定小组序号，教师则负责计时任务。

2. 发言。发言时间一般为1~2分钟，1号发言时请其他同学保持安静，仔细倾听并适当做笔记。如有可能，教师不妨准备好提示音，提示音一响要求学生停止发言。

3. 沉默。沉默20~30秒，思考前一位发言者的发言内容。最初学生可能不习惯沉默，不过随着训练次数的增加，他们能够逐渐接受并理解其作用。在此期间，教师应引导学生回想他们所听到的内容。

4. 重复。重复发言和沉默两个步骤，直到每位小组成员都有机会阐述自己的观点。注意：如果时间未到就结束发言，那么剩余时间内该小组必须保持沉默。

5. 讨论。在规定时间（通常5~10分钟）内展开讨论，鼓励各小组学生联系、比较他人的观点并提出自己的疑问，提示音一响立即停止讨论。

6. 交流。要求小组全体成员共同分析、交流模拟实验设计法在提高他们思考能力方面的作用。

实践和改进

澳大利亚大墨尔本地区曼通文法中学的教师曼纽拉·巴登和墨尔本卫理会女子学校的教师琳达·夏德洛分别找到了模拟实验设计法与初中、

高中数学课的结合方法。曼纽拉发现模拟实验设计法能够提高学生的独立性，她给七年级的学生布置了一项几何学习任务，要求学生花5分钟的时间去思考、回顾并提出疑问。之后，学生根据模拟实验设计法的步骤轮流开始1分钟发言、20秒沉默和5分钟讨论。结果，学生独立完成任务的自信心增强，曼纽拉需要提供的教学指导随之减少。

琳达·夏德洛是十二年级的教师，她用模拟实验设计法组织学生共同探讨数学问题和解题策略。第一次试验时，琳达只布置了一道数学题，结果她发现让各小组解决一系列相关问题能够更好地调动学生的学习积极性。于是，琳达将学生分成三人一组，每组负责几道相同类型的数学题。学生拿到题目后，首先进行分工，每人有10分钟的准备时间；然后开始1分钟发言，阐述自己负责的题目、选择的原因和对问题的疑惑，而沉默时间被他们拿来记笔记。结果，琳达发现之后的讨论变得异常激烈，学生充分展示了自己良好的洞察力，善于联系并发现问题。琳达班里的一名女学生指出："尽管我没有足够的自信在其他同学面前解释这道数学题，但是我也不能简单摘抄，必须绞尽脑汁、反复思考，最后我终于成功了，这种感觉让我对自己充满信心。"

模拟实验设计法还可以用来分析教学成果，教师经常提出的一个问题是："你认为随着这一方法的推进，班里发生了哪些变化？"这一问题提示学生关注教学成果，分析小组讨论对提高学生交流、质疑和阐述能力的作用。

评价

模拟实验设计法对教师来说是一把"双刃剑"：一方面，它有助于教师观察学生交流和讨论过程，从而掌握学生的思维状况；另一方面，由于实验设计法各个步骤之间转换时间较短，教师常常只能听到学生发言的片段，尤其当教师过于关注某一步骤时。因此，最有效的方法是首先确定期望值，例如了解学生的计划、对话题的理解程度、提炼核心观点的能力等，然后要求学生进行记录，具体内容可参阅下文研究案例有关艾伦·布利斯老师的介绍。

尽管如此，教师仍应尽可能多地掌握各小组学生的观点。教师可以选定某一小组，近距离地观察和倾听，这有助于教师了解该组学生讨论的深入情况以及观点的形成过程。教师在聆听过程中不妨问问自己：学生能够联系他人的观点吗？学生的提问对解释问题有什么帮助吗？学生能够参考他人观点从而加深对问题的理解吗？学生能否区分与自己观点不同或相似的观点？

建议

教师开始训练之前，可以进行简单提问，然后给学生短暂的思考时间和充足的记录时间，这有助于模拟实验设计法与教学过程更好结合，同时为教师今后回顾课程内容提供参考。最初训练时，教师可以适当缩短发言、沉默和讨论的时间，等到学生熟悉各个步骤后，再相应延长。训练过程中要保证各个步骤衔接紧密，没有停顿出现。假如随意改变要求，那么学生就无法集中注意力并借鉴他人观点。最后，不要害怕课堂出现沉默。教师总习惯于填满课程内容，因而课堂上很少出现沉默。不过，沉默不只意味着不说话，沉默的根本目的是帮助学生回顾发言内容，做好聆听下一场发言的准备，因此教师应确保学生了解沉默时的准备工作。

—— 研究案例 ——

以艾伦·布利斯为代表的墨尔本文法学校的教师为八年级学生开设

了一门涉及历史、科学和地理的跨学科课程。这门课历时9周，主要探索亚特兰蒂斯的传说，例如：圣托里尼岛是在亚特兰蒂斯的遗址上建立起来的吗？艾伦在讲解课程结构时说："首先我们对课程进行具体介绍（不分学科），然后分别从三个学科的角度讨论亚特兰蒂斯存在的争议，我们会在课程最后要求学生综合所有知识点回答关键问题。"

虽然这门课受到了这所男校所有学生的欢迎，但是艾伦指出："过去几年中，我们面临的一大难题就是如何将三门学科紧密联系在一起。"此外，长期困扰这些老师的另一个问题是："如何搭建统一平台方便教师了解学生的思维过程从而进行评估？"

之后，艾伦在系统学习模拟实验设计法时指出："模拟实验设计法是学生表达他们对问题理解程度最理想的方法，也是他们辨明正误的最佳机会。同时，每位学生都享有平等参与的机会，可以相互借鉴，最终掌握并理解知识，把学习和交流结合起来。"

此外，运用模拟实验设计法还能够改善中学教学模式。艾伦在《有效的课堂讨论》（*Enabling More Effective Discussion in the Classroom*）中写道："过去的五年时间里，我清楚地意识到课堂讨论在提高和检验学生理解力方面的重要作用，同时它能够帮助教师判断学生的理解正误。"

为了尝试新的教学思路，艾伦决定合并两个班级。首先，艾伦将两个班共六十名学生召集到图书馆的自习室里，把他们分成四人一组，每组从两班各挑选两名学生。然后，他给学生5分钟时间独立回答以下问题："圣托里尼岛是在亚特兰蒂斯的遗址上建立起来的吗？"每位小组成员都必须在1分钟内阐述自己的观点和理由，之后保持20秒沉默。等全部学生发言完毕后，艾伦先给了他们5分钟的讨论时间，紧接着又给了他们5分钟的作答时间。

艾伦之前从未进行过这种大规模的教学活动，结果因为学生人数过多，他无法像往常一样随意走动聆听各小组的讨论情况。为了掌握学生的讨论内容，他要求学生将观点发表在班级维基网页上（参见表5.4）。艾伦在浏览学生的观点时发现："部分学生已经能够掌握三门学科的不同思考方法，令人惊讶的是，一些学生甚至意识到通过讨论交流，他们的理解力得到了提升。"

由于这种方法能够大大提高学生的参与度，因此艾伦决定每两周试验一次并逐渐增加学生的讨论和作答时间，于是，学生必须不断从三门学科中借鉴观点用以完成任务。

艾伦在回顾整个教学过程时说道："我认为将模拟实验设计法与教学相结合的这一思路值得提倡。尽管各环节不允许出现中断对学生来说是一个不小的挑战，但是总体来说他们非常配合我的教学工作。不过，最后的讨论环节需要加以改进，把重点放在评价个人表现或分析问题上。"

模拟实验设计法只是艾伦经常使用的教学思路之一，"经过几年的训练，学生能够欣然接受这种自问自答、互相讨论的教学方法。尽管有时学生表达不出自己的观点，但他们仍将模拟实验设计法看作一种重要的思考方法。因此，假如学生询问是否运用模拟实验设计法上课，那么也就表明他意识到了该方法对提高个人理解力的重要作用。"

表5.4 八年级学生对亚特兰蒂斯的维基讨论

卡特说（5月19日，11点28分）：亚特兰蒂斯可能是圣托里尼岛的前身，但这并不意味着它就是亚特兰蒂斯。

埃里克说（5月19日，11点30分）：我认为圣托里尼岛是亚特兰蒂斯的理由有以下几点：

- 就地理位置而言，它们邻近埃及和利比亚；

续表

● 都有冷泉和温泉、公牛，不吹北风； ● 其中一个重要原因是两座岛屿均呈圆形； ● 它们都爆发过火山、地震和海啸。 这些就是圣托里尼岛可能是在亚特兰蒂斯遗址上建立起来的原因。 马尔科姆说（5月19日，11点31分）：圣托里尼岛是亚特兰蒂斯吗？答案是肯定的，证据如下： （1）可能是赫拉克勒斯之柱的所在地。 （2）岛屿中间有火山，据说在亚特兰蒂斯时期曾经喷发过，因而可以支持亚特兰蒂斯毁于火山喷发这一论断。同时还可以证明亚特兰蒂斯当时就铺设了温泉管道：热泉水会自动从地下涌出并被引到有用的地方。 （3）它邻近故事的源起之地埃及和利比亚，也是柏拉图在对话录中提到的大象栖息地。 （4）地理位置靠近雅典证明古雅典人和圣特兰蒂斯人之间可能发生过战争。 （5）岛屿呈圆形，一面坡度大，另一面是一块风化严重的基岩，这说明过去岛屿的面积更大。 （6）火山灰使土壤肥沃，适宜作物生长，促进文明繁荣。 （7）对话录提到一层渗透性低的土壤：这可能是火山喷发后留下的火山灰。 克里斯说（5月19日，11点31分）：我认为圣托里尼岛不是亚特兰蒂斯的唯一理由在于岛屿均呈圆形，我们不妨想一想——假如你从船上看克里特岛的顶部，它也是圆的，不是吗？ 艾伦·布利斯老师说（5月19日，14点43分）：我对埃里克和马尔科姆的答案印象深刻，主要是因为他们提供论据支持自己的观点，这并不是说他们的观点是正确的，只是他们的答案很有逻辑性。 德什说（5月24日，14点06分）：我认为埃里克提到圣托里尼岛邻近利比亚和埃及这一点是正确的，不过我认为当时利比亚和埃及的总面积与圣托里尼岛一样大，尽管现在并不是这样，除非柏拉图生活的时代利比亚和埃及的面积比现在小。

“过去我认为……但现在我认为……”

根据你现在对话题的理解，回答下列问题：

- 过去我认为……
- 但现在我认为……

要求学生在每个单元末回顾本单元所学的知识是一种常见的教学方法，然而，大部分学生都将关注点放在回顾课堂活动和对课堂表现进行自我评价上，他们乐于分析自己表现优异和需要改进的地方。我们研究小组期望找到一种方法帮助学生了解教学的目的，同时希望学生明白提高理解力不仅依靠知识的积累，更要强调思维的改变。最终，我们提出了“过去我认为……但现在我认为……”这一思路。

目标

“过去我认为……但现在我认为……”旨在帮助学生回顾话题内容，探究思维改变的方法及其原因，这有助于学生在巩固新知识的同时加深对问题的理解。学生通过探究思维改变的方法和原因，能够辨别其中存在的因果关系并提高自身的分析能力。同时，它有助于提高学生的元认知能力，即认知过程的自我觉察和自我评价。

内容选择

这一思路适用于各个学科领域的教学活动，包括学习新知识、看一部电影、听一次讲座、体验新事物、进行课堂讨论或者完成单元学习，它能够帮助学生了解自己想法、意见或信念的改变情况。假如学生的反思对象是某条概念或某个过程，那么仅仅依靠积累知识远不能满足要求，他们需要更深层次的理解或分析。教师应确保学生有机会面对自己的错误或者能够根据已有经验从根本上改变错误观点。

步骤

1. 导入。教师首先应该向学生解释该思路旨在帮助他们重新认识主题，了解想法的变化情况，假如学生有课堂笔记、教学记录和学习档案可以参考能够起到事半功倍的效果。

2. 回顾。在训练开始前，学生必须形成初步想法，用一分钟时间回顾并记住自己的观点。等学生学习、研究和讨论过话题后，要求他们以“过去我认为”写出自己最初的观点，然后给学生充足的时间思考他们观点的变化情况，再以“但现在我认为”写出之后的想法。

3. 交流。要求学生交流、解释他们观点的变化情况。最初不需要进行分组，因为教师需要整体考察学生的观点，训练他们的分析能力。同时，这为不知所措的学生提供了参考。一旦学生掌握了分析、解释问题的技巧，教师便可先将他们分成小组交流观点，然后再整体讨论。

实践和改进

比亚力克学院一年级的教师琼·卡默纳特斯基刚刚完成“沟通”这一单元的教学任务，课程结束时她要求学生首先回顾对沟通的最初看法并把答案记录在白板上以确保每人都能看到。学生的回答包括：过去我认为沟通是一种信息和符号语言的传递，是说话的别称，等于打电话和展示图片，代表一大段话，意味着对人友善、乐于助人。然后，琼让学生说出变化后的观点，例如：现在我认为沟通意味着即使你迷了路，路标也可以做出回答；表情能够透露你的想法，电脑可以代替我们与人交流，化石和图画也能“说话”。

纽约先锋中学的人文老师专门运用“过去我认为……但现在我认为……”思路帮助这些高中生制作人文课程成果展，具体来说，就是要求学生解释随着课程的逐步展开他们思维的发展和转变情况。例如，学生需要回答：“通过对课程的学习，你认为什么是民主以及民主的重要性？自由的真正含义是什么？”一旦学生完成课程回顾，人文老师就要求他们整理本学年对自己民主、自由观产生深刻影响的课堂活动。学生不能过度关注自己喜欢或表现优异的活动，而应围绕自己观点的变化整理材料，因为这才是教师所期望的人文课程的学习模式。

评价

该思路没有统一的评价标准，因而教师必须灵活掌握、充分挖掘学生答案中有用的信息，探究学生眼中观点变化的评价标准。学生在讲述自己观点变化的过程中能够暴露不少教师之前并未察觉的问题，尽管学生的回答各不相同，但是教师仍需制定统一的学习反思模式，因为这是教学的重要一环。例如，学生的反思对象是具体概念还是一系列学习技能？学生所讲述的观点的变化符合教师的期望还是出人意料？教师可以根据话题类型将学生的答案进行分类，这有利于教师了解教学过程中学生思想的变化情况。

建议

这一思路应该为教师提供学生思维发展、深化、转移或改变的具体信息。有时对学生来说，“过去我认为……但现在我认为……”就是指之前的误解和修正后的观点，他们甚至误以为只要令教师满意即可，没必要表达自己的真实想法。由于没有参考答案，教师有时会感到无所适从。

一般而言，即使学生提供的答案不符合教师的最初设想，他们也选择无条件接受，受到启发后再相机采取下一步教学指导。

部分教师选择以“过去我认为……”开始单元教学活动，但是这一教学方法的问题在于：直到学习受阻，学生才能辨别之前的错误假设和观点。因此，直到开始下一单元的学习时，学生才能真正认识到自己所犯的错误。经过多次训练，学生逐渐开始重视学习行为与思维变化之间存在的因果关系，因而，学生常常能够抓住灵感迸发的时刻，运用“过去我认为……但现在我认为……”的方法大声表达出来。

—— 研究案例 ——

纽约先锋中学的教师埃里卡·道尔从两年前就开始运用“过去我认为……但现在我认为……”的思路教授九年级读写课，现在她仍然记得当时同一名学生发生争论的情形。埃里卡拿出这名学生的日记本，询问里面的一些细节问题，这令学生感到懊恼，最终这名女生忍无可忍叫嚷道：“您可以直接告诉我日记的内容！”为此，埃里卡吓了一大跳。那名学生继续说道：“显然您已经心中有数，您想让我写点什么，只要直接告诉我就可以了！”直到那一刻，埃里卡才意识到在学生眼中他们自己的想法并不重要，因为学校只是学生复述教师观点的地方。“我以前从未考虑到这一点，这个姑娘是‘第一个吃螃蟹的人’，”埃里卡回忆道，“之后我才开始思考如何营造良好的教学环境，充分调动学生在读写课上的思考积极性，从而提出有价值的观点。”

埃里卡班上的许多学生都认定自己无法成为优秀的读者或作家，“学生总认为只有极少数人才拥有良好的读写能力，因而大多数人都不具备成为优秀读者或作家的条件。因此，我想引导学生改变这种消极观念。

只有了解学生眼中优秀的读者或作家，才能找到帮助他们提高自我意识的方法。”埃里卡指出，“第一次接触‘过去我认为……但现在我认为……’时，我就意识到这正是我要寻找的方法，因为它能够呈现学生整个学年思想变化的情况。”

为了让学生尽快适应，每次读写课结束时埃里卡都要求学生分别写出他们过去和现在对自己阅读、写作能力的看法。“从学生的答案中我能发现很多有用的信息。”埃里卡说道。第一次采用这一思路时学生的回答比较生涩，例如：过去我认为自己不喜欢这本书是因为我不能接受它的体裁，但是现在我认为这本书值得我细细品味；或者，过去我认为自己在学校表现不好是因为我小学和中学的成绩不理想，但现在我认为自己能够顺利毕业。尽管这些都不是埃里卡需要的答案，但却是学生内心真实的想法。“起初我认为他们并未理解这一思路，不过很快我就意识到实际上这是学生‘最原始’的想法，表明他们能够正视自己学习者的身份，有利于我了解学生对于优秀的定义。”埃里卡说。

埃里卡并不打算抛弃这一方法，相反她决定加强对学生的训练。她指出：“我希望把它变成读写课的固定教学方法，帮助我了解学生的思维过程，因此我每天坚持要求学生运用这一思路总结课程内容。只有在学生正确看待自己情感变化和学生身份的基础上，才能营造舒适良好的学习环境。”

最后，埃里卡决定将这一思路与学生现阶段的阅读材料结合起来：“我要求学生回顾从开始阅读苏珊·柯林斯的《饥饿游戏》(*Hunger Games*)时起之后思维的变化情况，同时把自己的观点写下来告诉我。例如，对某个人物、情节和背景有什么看法？对情节的推测出现过偏差吗？”由于学生对这一思路非常熟悉，经过埃里卡的点拨，他们便能很快写出答案：

- 过去我认为凯特尼斯过于软弱，因为游戏开始时她不敢反抗；但现在我认为她很勇敢，因为她射了评委一箭。

- 过去我认为凯特尼斯不应该代替妹妹波丽姆参加游戏，因为她不够坚强；但现在我认为她很体贴，因为她牺牲了自己。
- 过去我认为由于角斗士的存在，竞技场是英雄的象征；但现在我通过阅读《饥饿游戏》，认为竞技场其实非常恐怖血腥。

埃里卡还惊喜地发现，甚至那些认为自己不符合读者和作家标准的学生也开始与其他同学交流讨论。

在营造舒适的思考氛围的同时，埃里卡还需与学生探讨思考的价值，因此她决定在教学过程中有目的性地运用“过去我认为……现在我认为……”这一思路。埃里卡说：“第二天上课时，我告诉学生，‘我注意到昨天很多人都提到了女主人公凯特尼斯·伊夫迪恩，那么今天我们不如进一步进行探讨？’以及‘我发现很多同学的回答都涉及人物的性格问题，但我不确定你们是否已经注意到了符号及其象征意义。从中你能得出什么结论？你的思维有什么变化？’”埃里卡希望学生认识到“过去我认为……现在我认为……”这一思路不仅可以反复使用，而且对学生今后的学习具有指导意义。

在埃里卡看来，学生关注思维变化对自身发展具有多重影响。过去一年中，埃里卡一直在收集学生对自身阅读和写作能力提高情况的反思并进行分类，从而总结出几种不同的模式（见表5.5），这为她探究读写课与培养学生学习独立性的关系提供了有价值的信息。

随着数据资料的不断增加，埃里卡在逐渐掌握有效教学方法的同时，能够认识到自己教学过程中存在的不足，方便她在今后的课程中加以改进。她指出：“这一思路有助于我深入探究学生的想法，从而了解他们的内心世界。我能够充分利用学生提供的信息，提高他们的阅读、写作和学习能力。因此，在我看来，所有呈现学生思维过程的教学方法都值得推广。”

表5.5　埃里卡对于学生阅读、写作和学习能力提高的自我反思的分类

自我观察

● 过去我认为自己可以一心二用，但现在我认为我应该在一群我不喜欢的人周围安安静静地坐着，因为我的话太多。(Andrea，2010/4/26)

● 过去我认为自己没有能力完成这项任务，因为我很困惑，但现在我认为我可以胜任。(Jose，2010/5)

情绪

● 过去我认为自己是一个无忧无虑的人，但现在我认为自己压力很大，因为心中藏了很多事，例如家庭、生活、压力和学校。我们备感压力的主要原因是实现这些目标需要花费大量时间，结果，这些琐事总是萦绕在我的脑海中挥之不去。(Nicholas，2009/10/26)

● 过去我认为自己糟透了，因为大家总说我人品不好，但现在我认为我自己没有错，因为“猫薄荷”(《饥饿游戏》女主人公的绰号) 勇于接受现实，我也一样。(Aravis，2010/3/9)

社会

● 过去我认为自己在这所学校永远也无法和他人好好相处，因为初中时我就几乎没有朋友；但现在我认为自己能够处理好这个问题，因为我在高中交到了很多朋友。(Dionna，2010/3/23)

● 今天我才知道萨利姆是一位既善良又聪明的朋友。过去我认为这个计划站不住脚，因为我无从下手，但现在我认为这项计划进行得很顺利，因为萨利姆帮助了我。(Alexis，2010/4/22)

学校—成绩

● 过去我认为自己这学期肯定不及格，因为我的成绩很差，但现在我认为自己通过了考试，因为我看到自己的成绩单，分数远比我想象的高。(Dionna，2010/3/22)

续表

写作过程
● 过去我认为写作非常无聊，因为它既浪费时间又需要创意，但现在我认为写作很有趣，因为没有话题限制，我可以随意表达自己的想法，我喜欢这种自由写作的形式。(Pamela，2009/10/26)
● 过去我认为写作就等同于寥寥几句表达自己的看法，因为我不喜欢写作而且又懒惰；但现在我认为自己可以添加不少细节描写，因为写作开启了通往另一个世界的大门。(路易斯，2010/09/26)
● 过去我认为写作很无聊，因为需要花费很多工夫且容易造成混乱，但现在我认为写作很有意思，因为我能从中学到很多东西。(Juan，2010/4/27)
● 过去我认为语法不重要，因为一方面老师不怎么教语法，另一方面他们会检查我的语法错误；但现在我认为语法非常重要而且需要好好学习，因为如果想清楚表达自己的想法就得好好钻研语法。(Chekeshia，2010/5)
● 过去我认为主旨句不过是一个句子，但现在我认为它才是吸引读者注意文章的关键因素，因为它能够激发读者的阅读热情。(Jessica,2010/4)
● 过去我认为写作就是对某一事物的归纳总结，因为我总是根据老师讲解的内容完成一篇作文；但现在我认为写作是相当复杂的，因为它不仅可以帮助你理解语法，而且有助于提高你的阅读能力。(Estiven，2010/4/27)

第六章

深入性和延展性思路

你为什么这样认为

在听到某一陈述、声明、观点后，回答下列问题：

- 你为什么这样认为？

“你为什么这样认为（WMYST，why makes you say that？）”是在豪森和耶拿瓦恩提出的“透明化思维策略”的基础上演变而来的，“透明化思维策略”借助艺术培养学生的思维和交流技能。一般情况下，美术老师会首先问学生：“这幅画中发生了什么事情？”等学生做出相应回答后，老师又会紧接着提问：“你在画中看到了吗？为什么这样说？”只要对这个问题略加修改就变成了“你为什么这样认为”，能够适用于课堂教学和课外活动。总而言之，“你为什么这样认为”既是日常用语，又是一种思维习惯。

目标

“你为什么这样认为”旨在要求学生详细说明答案背后的思考过程，从而为培养学生的思维能力奠定基础。教师若想将看似简单的“你为什么这样认为”融入课堂话语之中，应注重训练学生论据推演的能力，即要求学生在回答问题时提供论据解释。这不仅有助于拓展学生的思维方式，使他们从多角度考虑问题或观点，而且能够在深化讨论的同时加深学生对话题或观点的理解。教师在使用“你为什么这样认为”时不需要逐一要求学生回答提问，但必须挖掘隐藏的原因和论据从而判断其价值，这表明答案的正确性主要依靠论据的支持。

内容选择

生活中人们经常需要在仔细观察事物的基础上发表个人观点。学生对某些事物的运行方式、发展方向或存在原因也会保留个人看法，而教师只有透过学生提供的论据和解释才能了解他们的真实想法，从而引导学生进行交流、讨论、质疑，并逐步完善学生的观点和理论。事实上，“你为什么这样认为”可用于鉴赏艺术作品或历史文物、赏析诗歌、进行科学观察和提出假设、阅读时做出推测或延伸概念（例如种族主义或公平）等等。由于这个问题本身具有较强的灵活性，因此几乎适用于所有学习科目。它能够帮助教师掌握学生对新话题的最初看法，引导学生在单元学习过程中仔细观察、分析解释和提供论据支持。

为实现这一目标，教师不仅需要寻找合适的教学内容，而且必须找到适当的时机进行提问：“你为什么这样认为？”就这方面而言，“你为什么这样认为”是最可行的教学方法，因为它通过帮助教师深入挖掘信息，引导学生分析解释，使之能够逐渐融入课堂教学之中。

步骤

1. 导入。与其他思路不同，“你为什么这样认为”不需要详细介绍，教师只需找准提问时机。一般而言，教师可以选择学生做出判断、解释、分析或提出观点时进行提问。

2. 阐释。学生在分享他们的观点和理由时，教师应适时引入“你为什么这样认为”，从而引导和鼓励学生进行大胆阐释。当然，问题并不固定，教师也可以提问“你观察到了什么，为什么这样认为？”，或者“你掌握了什么信息，为什么这样说？”

3. 交流。“你为什么这样认为”主要出现于师生交流之中，它能够引发师生之间的充分对话，因此，是否记录学生的观点由教师自行决定。

实践和改进

我们研究小组首次在瑞典兰姆莎格·阿科德米中学启动思维透明化研究时，该中学的教师将“你为什么这样认为”视为“神奇的问题”，因为他们十分好奇这一方法能够揭示多少学生的内心想法。他们在利用这个问题加强与学生互动的过程中，更好地掌握了学生的思维状况。与“你为什么这样认为”类似的问题还包括“你有什么证据”或“你能找到什么论据来支持这一观点”。

学生在分享观点时可以将“你为什么这样认为”与其他任意思路进行结合。美国阿姆斯特丹国际学校的教师丽莎·沃科克和黛比·奥哈拉将“你为什么这样认为”分别与“观察—思考—怀疑”和“解构”结合。黛比给幼儿园学生提出问题，观察这些问题怎样在引发学生深入思考的同时充分提高学生的参与度。此外，教师也应该更多地思考如何运用“你为什么这样认为”加强与学生的交流，从而调动他们思考的积极性，激发他们的兴趣，营造一个良好的学习环境。

评价

“你为什么这样认为”是师生话语交互、学生交流讨论的一般模式，因此教师应格外重视学生的反应。“你为什么这样认为”鼓励学生在观察已有经验或相关论据的基础上进行解释分析，而不能满足于程式化的解释或简短回答，这一思路的总体目标是培养学生构建解释、提出理论和提供论据的能力。随着训练次数的增加，教师能够逐步了解学生的思想。例如，学生是盲目相信自己还是依靠权威来验证答案的正确性？在没有教师指导的情况下，学生是否有解释问题的自觉性？学生是否需要借鉴他人的看法来巩固自己的观点？

建议

“你为什么这样认为”具有明确的指向性和目的性，而提问的语气越诚恳，越能引起学生的注意。教师不应将其视为质疑或检验学生答案的办法，而应充分表达自己想要了解学生对某一复杂问题或现象埋解情况的强烈愿望。学生能够根据教师的语气和态度做出评判，假如教师对自己的观点没有兴趣，他们会缩短回答不再详细阐述。因此，教师应确保提问发生在真实语境之中，从而保持学生的学习积极性。

—— 研究案例 ——

玫琳凯·阿切尔是密歇根州北部特拉弗斯城地区一所公立小学的数学老师，她说：“在接触‘你为什么这样认为’之前，我就在研究课堂提问的有效形式，希望通过提问掌握学生理解能力，因而‘你为什么这样认为’立刻吸引了我的注意力。它看似简单，实则意义深刻。”玫琳凯有二十多年的幼儿教学经验，在学习包括“思考—疑惑—探究”“观察—思考—怀疑”等在内的众多思路时，她发现“你为什么这样认为”更适合用来提问并调动学生的学习积极性。

“我曾经接受过‘你为什么这样认为’的专业培训，”玫琳凯解释道，“尽管无法准确记得当时的情境，但我清楚地感受到它对我的思考和推理能力的影响。”有了这次经历，玫琳凯决定将“你为什么这样认为”真正融入课堂教学之中，从而引导学生思考和推理。她说：“当时我还在教幼儿园，孩子们自从开始接触这个问题，就越来越愿意与我分享他们内心的想法。之后在教四年级学生时，我惊奇地发现这样一个简单的提问居然也能充分调动学生的积极性，让他们不断做出回应。学生一边解释自己的观点，一边阐述‘你为什么这样认为’对自己的启示。”

起初，玫琳凯运用“你为什么这样认为”并没那么得心应手：“我希望让它自然地融入课堂教学和对话之中。不过，第一次提问时我有点儿不知所措，只能依照自己的学习经验进行，但是我坚持了下来，最终这个问题成为课堂互动的一部分，而学生也很快适应了这种教学方法。”

玫琳凯在与四年级学生讨论的过程中发现，他们的思想深度和解释能力完全超出她的想象。“来听课的老师都很惊讶，因为他们从未想过四年级学生就能拥有这种程度的理解力，这大大提高了课堂话语水平，”玫琳凯指出，“指导学生运用‘你为什么这样认为’总结科学和数学实验时，那些原本学习成绩不理想的学生也能积极参与讨论，与其他同学分享自己的观点，学生对复杂观点的分析能力在我的意料之外。”

“你为什么这样认为”对学生学习具有指导意义。玫琳凯发现，“学生逐渐能够独立完成学习任务，这对低年级的学生来说是一个巨大的挑战。我一直在寻找提高学生自主学习能力的教学方法，而这个问题通过引导学生相互讨论真正实现了这一目标。这种提问似乎自然而然地成为学生的一种能力，能够充分激发他们的好奇心”。

玫琳凯在回忆教学情况时指出，最开始她有些使用过度，“频繁使用似乎削弱‘你为什么这样认为’的作用。学生（尤其是四年级的学生）的应答能力又回到了最初，就好像在做填空题。因此我越来越意识到学会运用‘你为什么这样认为’的重要性”。于是，玫琳凯加强了教学和应用的目的性和针对性，她表示：“我开始理解思维透明化的真正含义，而作为教师我应该更加明确教学方向。‘你为什么这样认为’适用于论据分析，因而能够帮助教师了解学生的分析、解释能力。尽管执教多年，但是现在我必须重新学习努力为学生创造思考机会，营造一个良好的教学环境从而展示学生的思维过程及其价值。我不能只给学生教学任务；相反，更应该为他们创造思考和相互讨论的机会，力求实现学生思维透明化——正是‘你为什么这样认为’的巨大作用将我们凝聚在一起。”

环形视角

根据阅读、观察和聆听过的材料所包含的角度思考问题，围绕话题或事件进行分析，选择其中一个视角深入探讨并完成下列句子：

- 我从……角度思考……[事件/问题]
- 在我看来[请描述话题，站在人物的角度进行分析]，因为……[解释原因]
- 从这个角度分析存在一个问题……

围坐一圈或在剧院看戏时，所处的位置不同，看问题的视角自然存在差异。在该实物模型的基础上，我们研究小组提出了“环形视角(COV)”用以帮助学生从不同角度出发深入探究某一问题、事件或话题。

目标

“环形视角”主要研究思考角度问题，它旨在获得对话题、事件或问题全面而深刻的理解。一般情况下，人们在探索新视角前必须首先把握已有的思维角度，不过有时囿于以自我为中心的模式，容易忽略其他观点。“环形视角”能够帮助学生识别同一话题、事件或问题的不同视角，了解他人的观点和感觉，从而领悟切入点的不同对理解同一事件的影响。“环形视角”不仅有助于识别问题的多个角度，而且能够引导学生从某一角度出发深入探讨问题。

内容选择

选材决定了“环形视角”的有效性，因此，教师应选择内容和视角丰富的图像、故事、问题或主题。选择素材时应首先考虑其中包含的不同视角，方便学生联系上下文、提问并理解话题或事件。同时，教师也可以从一幅画或图像入手介绍“环形视角”，即从某一具体角度展开分析。

从不同角度拍摄的一幢建筑或纪念碑的照片、从不同角度描绘的静物画或棒球比赛本垒打时展示投手、捕手、外场手和观众不同表现的YouTube视频集锦都可以成为“环形视角”的分析素材。除此之外，通过慢镜头或从不同视角拍摄的其他运动比赛的视频也能够拿来分析，这清楚地说明看待同一件事物有许多不同的方法。

步骤

1. 安排计划。在介绍“环形视角”的取材（图像、故事、问题、事件或话题等）时，教师应为学生提供充足的时间仔细观察和分析图像。之后，公布学生将要理解的话题，并把它在黑板上或表格中记录下来（注意：教师需提前决定讨论形式，假如进行口头讨论，那么只需简单记录学生的观点；否则，需要详细记录。不过，对低年级学生来说，非正式的讨论比书面形式效果更好）。

2. 确定视角。注意收集学生的观点，分析对象不一定是人，也包括其他的物体（例如背景、一棵树、飞翔的鸟、草坪等）。另外，学生可以分析故事或图像中没有立即出现但受其影响的人物和事件，包括对现在和未来的思考。最后，将观点记录在话题周围。

3. 挑选角度。要求学生选择一个探讨的角度，假如将学生分成几个小组，那么要求每位小组成员各选择一个角度，从而保证对主题或问题探讨的完整性和充分性（注意：教师也可以自己挑选一个角度，要求全班学生共同分析）。

4. 补充完整“我认为……”，要求学生站在人物的角度考虑问题：他们如何看待这件事或所处环境？他们为什么这样认为？留给学生充足的思考时间，其间学生可以动笔记录或记在心里。

5. 补充完整“从这个角度分析存在一个问题……”，要求学生想象人物的困惑或疑问并从这个角度提问，在心里与人物进行对话，之后，收集、记录学生的观点。

6. 交流。首先，决定以小组还是全班形式进行讨论，教师在学生相互交流的过程中可以评估每个人的表现。其次，要求学生依次说明自己的观点、视角和问题。最后，记录讨论主线，尤其注意各观点之间的差异。

实践和改进

教师可以在单元学习的开头引入“环形视角”，拓展学生的思维能力，要求他们从人物、主题等不同角度分析学习内容。尤其当学生的视角过于混乱或单一时，“环形视角”能够引导学生进行辨别。例如，在观看电影《末路小狂花》（*Rabbit-Proof Fence*）时，比亚力克学院五年级的教师艾玛·福尔曼要求学生从主人公莫莉、格雷西和黛西被强行从母亲身边带走的镜头开始分析。学生分别探讨了莫莉、母亲、格雷西、祖母、警察、卡车司机等人物的性格以及卡车的窗口、翻过的篱笆墙等意象，然后组成小组进行讨论，各自提出新见解和疑问，从而丰富了故事内容。

视角分析有利于增进师生间的理解，构建和谐的师生关系。在制订夏令营计划时，比亚力克学院的教师大卫·里斯要求学生统一参与者的观点，这一经历有助于学生理解问题的复杂性以及教师无法完全满足他们的请求和想法的原因。

教师在学生选定视角后只需提供建议，引导学生利用不同的角度看待问题。不过，有时为了更好地满足学生的要求和适应学习内容，教师也可以适当增加或更改这些提示。此外，帮助学生拓展视角的另一种方法就是提问，这有助于学生区分各视角之间的相似和不同之处。例如，学生不得不考虑“假如重新安排收集到的这些观点，那么你打算把其中相悖的观点放在什么位置？相似的观点又该如何排列？你会选择坐在谁的旁边？”

评价

选择其他角度看待问题绝非易事，尤其是当学生强烈坚持某一观点的时候。注意把握学生从多个视角看问题的可能性及有效性，这通常可以在小组内完成。然而，一旦学生有机会接触多种视角，教师可以考虑让学生先独自分析问题再组内共享，学生的独立回答能够帮助教师了解学生识别不同观点的能力。

学生能否表达多种思想和观点，而不仅仅是陈述自己的立场，学生是否墨守成规，不愿意接受其他视角都是教师应格外关注的问题。此外，教师还应关注学生答案的复杂性——这是一个简单的释义性问题还是包含多个层次？问题是否存在普遍意义，还是仅对个别情况适用？问题是否具有深入探讨价值？

建议

学生首次使用“环形视角”时，教师通常能够预测他们的答案。教师可以通过多种途径训练学生的多元思考能力，例如报纸上士兵游行的照片。预期的视角包括士兵本身、路人、摄影师以及读者，甚至士兵脚下的土地、磨损的军靴或附近见证军队行军的树木——他们如何思考又会问怎样的问题都值得探讨。一般而言，得到鼓励和重视的学生很快就能提出其他不同的观点。

同样，教师需要考察学生“思考”或“提问”的具体方式，从而引导学生提出更深层的见解和有探讨价值的问题。不过，这是一个循序渐进的过程，并非一朝一夕的事。学生总是试图挖掘教师的期望，假如教师只给予敷衍的回应，那么学生就容易丧失积极性，因而教师应鼓励学生深入思考。如果教授多个班级，那么教师可以把其中一个班的答案（不必署名）交给另一个班级的学生，方便他们根据观点的完整性和层次性进行分类。

学生不必依次站起来朗读，只需首先挑选其中一名学生说明观点并要求与他视角相同的其他学生补充信息，直到全班学生真正掌握了这一观点。然后，邀请与他观点相悖（即视角明显不同）的学生表达自己的看法。最后教师可以继续询问所持观点介于两者之间的学生。这一方法能够确保学生认真听课、快速吸收知识，而不是坐等轮到自己。

—— 研究案例 ——

比亚力克学院的教师尼基·多勒维奇和一群五年级学生在创意写作研讨会上探讨贫困问题。尼基发现尽管讨论越来越生动有趣，但是学生并没有真正理解这一话题，她指出："学生围绕'让贫困成为历史'的话题展开了激烈的讨论，不过我发现他们的观点基本都是陈词滥调，因而这一点具有探讨价值。"

尼基决定使用"环形视角"的方法指导学生掌握贫困的真正含义并鼓励他们从多角度考虑这个问题。她之所以选择这一思路是因为"这一方法能够帮助她研究儿童视角下的贫困问题，拓展他们的思维能力，有利于学生了解其中包含的敏感话题"。在此之前，学生并未接触过"环形视角"，因而他们每个人都很好奇如何选择视角。

为了调动学生的积极性，尼基选择了一张蒙古家庭的照片。全家人挤在一辆破旧的明蓝色吉普车里，看起来更像是一部组装车。摇摇欲坠的车顶堆满了生活用品，用一块毯子包裹起来，几乎挡住了整个车窗。图中能看到七名拥有相同墨黑色头发的家庭成员，他们中有些脸几乎贴在挡风玻璃上，还有一个赤膊的男人，应该是这家的父亲，负责开车。照片中间是一名身着红色衬衫的女孩，她正微笑地看着身后穿着鲜艳的格子衫、咧嘴大笑的女人（母亲？）。吉普车停在一片荒凉平坦的土地上，周围看不到树木或建筑物，只有照片一角能隐隐约约看到几簇小草，因而无法判断吉普车是在道路上行驶还是在越野旅行。照片的背景是一片昏暗的天空，其中点缀着几顶紫红色的帽子。图片给人的感觉并不特别悲伤或沮丧，尽管它在一定程度上显示出这家人存在的困难，但是与一般人眼中的贫困还是有所不同。尼基为了不限制学生的思路，选择不和他们讨论关于这张照片的任何信息，不过留给学生充足的时间从各个角度仔细观察照片。之后，她要求每名学生从照片中的一个人物或意象入手，利用“环形视角”进行分析。

其中一名学生选择从母亲的角度来考虑问题，他写道：“哦，我的丈夫非常负责任，尽管大家都战战兢兢，但他仍努力安慰孩子。我们忐忑不安，担心燃料耗尽时该何去何从。我希望燃料至少能撑过今天晚上，那时我们已经到达小村庄了。要是有足够的食物就更好了，因为我要养活整个家庭，我实在不忍心看他们受苦。假如我们中有人饥饿难耐，我希望不是几个孩子。哦不，敌人正在迎头赶上，我让孩子们不要回头。丈夫的表情是那样焦急，他猛踩油门试图甩掉敌人，我知道目前情况非常糟糕。”紧随其后还有一个简单的问题：“如果燃料耗尽将会发生什么事情？”

还有几名学生从无生命的物体（例如汽车、毯子、道路、车轮等）的角度入手，因为在他们看来，这更有利于发挥创造性进行自由写作。

有一名学生这样写道：“我是一辆破旧的吉普车，车顶摇摇欲坠，车轮也到了随时脱落的边缘。为什么他们七个人要硬塞进来呢？而且我的汽油也快耗尽了，却还有很长一段路要走，我绝对无法再行驶210英里了。车灯罩早就不知所踪，方向盘失灵，更糟糕的是他们居然打包了约20公斤的行李放在我的车顶。现在已经是傍晚时分，外面空气凉爽，可是车里又热又黏。轮胎只能勉强承载他们的重量，我现在急需修复。我十分绝望地思考：我将如何生存？”

学生真正沉浸于思考和写作之中，认真地扮演自己的角色，因而尼基认为“思考”和“提问”是学生写作的灵感之源。学生十分愿意与他人交流分享自己的作品和观点，从中发现新问题并加以讨论。“环形视角”通过指导学生跳出日常生活的框架，以崭新的视角观察照片，使学生能够充分了解贫困的概念。

角色扮演法

思考一个人或物与你正从事的研究之间存在的联系，置身于事件或环境中进行考察，回答下列问题：

- 这个人或物能够观察或注意到什么？
- 这个人或物能够理解或相信什么？
- 这个人或物真正关心什么？
- 这个人或物好奇或怀疑什么？

用“角色扮演法”理解一位故事的主人公或历史人物是教师长期运用的教学方法之一，它能够帮助学生加深对人物和事件的分析理解，不过有时这种分析相当肤浅。因此我们研究小组希望通过添加几个步骤完善“角色扮演法”从而指导学生的思维，提高其理解能力。

目标

从很小开始，孩子就喜欢玩角色扮演的游戏。与“环形视角”相似，这一方法同样关注思考角度。不过，“角色扮演法”旨在提供一种思考模式，从而提高学生的移情反应能力。“移情”要求学生能够换位思考，通过假设人或物观察、了解、相信、关心和质疑某些问题，反过来引导学生深入了解人或物本身，有时学生甚至需要跳出自我框架进行理解。这样一来，相较于“环形视角”而言，“角色扮演法”就成了一种行之有效的思维方法，有助于进一步增强学生的思考能力。

内容选择

“移情”要求个体客观理解和分享他人的内在感受，教师若想提高学生的移情能力必须首先获取合适的思考素材。好的素材能够唤起学生的情绪反应，多角度呈现个人面临的某种困境或不幸。在已有材料的基础上，学生可以根据自己的理解进行逻辑解释或理论推理。学生不能妄加揣测，而应有理有据地分析某一视角。因而在运用“角色扮演法”时，应首先从人或对象的角度进行观察，为立场、观点和想法的形成奠定基础。

一幅画描绘的故事、新闻报道中的社会问题、上课时阅读的故事或小说、报纸上的照片或提出的政策等都能够成为“角色扮演法”的分析素材。利用“角色扮演法”，学生能够很快识别所有可能的视角（包括事件中出现的无生命体），因此它常常与“环形视角”联系在一起。不过，假如教师希望学生从指定角度出发分析问题也未尝不可。

步骤

1. 导入。向学生介绍图像、视频、音频、故事或事件，给他们充足的时间考虑参与者和旁观者（包括有生命的和无生命的事物）的视角。教师可以让学生选择一个人或物进行“角色扮演”（注意：“环形视角”可以作为辅助方法），假如材料适合用来学习，那么教师可以替学生指定视角。由教师决定讨论形式，包括班级讨论（适用于第一次练习）、小组讨论和个人分析。

2. “这个人或物能够观察或注意到什么？”——这要求学生把自己想象成他们选择的人或物并描述自己现在能够观察或注意到的细节，学生可以简单列出自己的观点然后上交，或者由学生大声朗读，教师负责记录答案。

3.“这个人或物能够理解或相信什么？”——这要求学生根据选择的角度，列出自己的观点。学生的原有想法可能有些脱离主题，但他们很快就能沉浸其中，记录或谈论自己的新认知和新观念。如果以班级为单位展开讨论，教师可以依照学生的解释和回答寻找论据。

4.“这个人或物真正关心什么？”——这要求学生设身处地，理解他人的情感。教师应鼓励学生在陈述观点的同时进行解释，说明为什么人或物会关心这些问题，并随时记录学生的看法。

5.“这个人或物好奇或怀疑什么？”——这要求学生把自己的情感与别人的感受联系起来，教师仍需询问学生答案背后的原因和理由并记录下来。

6. 交流。如果讨论以班级形式展开，教师通过记录学生的观点清楚地掌握了学生的思维过程。查看记录，要求全班同学描述新的角色形象。如果讨论以个人形式完成，那么教师有几种选择：一是把学生分成小组，要求组内每名成员选择一个不同的角度；另一种是将视角相同的学生分在一组，相互比较其中的差异。除此之外，教师还可以要求全班学生一起讨论问题或困难，让他们从不同角度加以思考。

实践和改进

莎洛伊·辛格是比亚力克学院四年级的教师，她在本学年初教授友谊、欺凌和接受等概念时向学生引入“角色扮演法”。莎洛伊曾经阅读过关于接受差异的书籍和诗歌，其中一首诗歌与流言有关。它讲述了一个玩笑引发的悲剧，迫使主人公大卫不得不离开心爱的学校。她要求学生把自己当成大卫，从而体验他的内心情感，学生写道：“大家都嘲笑我的口音，不愿意跟我交朋友，这让我十分沮丧”，“我关心其他人对我的看法、有没有朋友和获得认可”，等等。最终，莎洛伊和学生发现“角色扮演法”放大了羞辱和欺凌的效果及感受。

密歇根州法兰克幕斯城小学四年级教师贾恩·津巴则利用“角色扮演法”研究电学问题，她要求学生首先思考对电路知识的掌握情况（例如电灯和门铃的工作原理），然后选择其中一个方面（包括电线、电子、灯泡灯丝等）进行“角色扮演”。最后在班上玩一个游戏，她邀请一名学生大声公布自己的答案，但不说出选择的视角，让其他同学进行猜测。

比亚力克学院的英语老师沙龙·伯伦霍茨发现学生学习高级英语课程时侧重于分析主要人物，却忽略了其他内容。“角色扮演法”有助于引导学生关注容易被忽略的次要人物，帮助他们深入理解文本，掌握不同的视角，从而领略叙事的复杂性。同样以比亚力克学院为例，美术老师芭芭拉·杰夫发现，利用“角色扮演法”能够引导学生走进艺术作品获得新的领悟。为实现教学目标，芭芭拉要求学生分析建筑物、艺术家、画中人和画作中无生命的物体等，这在学生中引起了广泛而热烈的讨论，他们从“不同的视角”出发，探讨艺术作品中包含的各种故事。

评价

教师应根据学生的回答判断他们是否仅在陈述显而易见的问题，还是能够推断具体发生了什么事情。学生能否理解他人眼中的复杂问题，还是局限于自我的情感和立场？学生是否秉持基于论据和理由的推理方式？他们能否给出一个合理的解释？

有时教师也会利用“角色扮演法”来激发学生的写作灵感，本节案例分析将为大家详细介绍萨隆妮·布卢姆的教学方法。在这种情况下，教师应仔细观察学生如何在“角色扮演法”的基础上展开写作思路，注意学生能否根据已有视角真正理解人物。

建议

教师在向学生介绍“角色扮演法”时应格外注意措辞，可在提问第二至第四个问题时插入“可能”一词引导学生进行思考。教师通过询问“人或物可能存在什么样的疑惑”而不是“人或物怀疑什么”，委婉地告诉学生不必寻找一个明确的答案，只需集合全部合理的可能性和备选方案。例如，我们永远无法确切了解一条河、一只狗或一位历史人物是如何思考、感觉和怀疑的，但使用委婉语能够拓展学生思维，引导他们提出假设。

“角色扮演法”能够激发创意思维和深刻思考，鼓励学生从崭新的视角看待问题。成功的案例包括：其一，要求一群五岁的孩子从不同的角度观察一间正在开展庆祝活动的房间并仔细分析活动中发生的事件；其二，针对报纸上一张伊朗士兵的照片展开讨论，学生的视角下至军靴上至枪托，借助报刊，他们只需坐在教室里就能够“环游”各个国家和城市。

幼儿教师一般认为训练低龄儿童的多元思考能力困难重重，不过，角色扮演和幻想在儿童世界中占据了很大一部分，而视角转换是一种经过练习能够不断发展的技能。比亚力克小学二年级的教师艾玛·福尔曼为了使“角色扮演法”的操作步骤更加细致，制定了改变视角的具体方法。事实证明，这一新颖措施非常有效，受到了学生的广泛欢迎。学生很快就掌握了“角色扮演法”，不再需要艾玛的额外帮助。

为了避免“角色扮演法”沦为一个趣味游戏，教师应思考自己期望学生掌握的内容：你希望学生能够更好地理解问题的复杂性吗？你想让学生更好地了解某一特定人物，最终把自己的理解写出来吗？

—— 研究案例 ——

比亚力克学院七年级的学生正在学习古埃及历史，但是萨隆妮·布卢姆老师担心他们不能真正理解尼罗河对于古埃及的意义，于是，她选择利用“角色扮演法”来帮助学生充实尼罗河在古埃及人生活中扮演的重要角色。她意识到让学生自觉联系历史并非易事，不过假如学生能够建立与尼罗河的情感联系，那么就能更好地理解尼罗河与古埃及人的精神纽带以及它对当地农业发展的重要作用。

为了帮助学生了解尼罗河的历史并与其建立情感联系，萨隆妮开始设置场景。首先，她请学生闭上眼睛，听她大声朗读古埃及人祈祷和膜拜尼罗河的诗赞。然后，她要求学生把自己想象成尼罗河，缓缓流经埃及，沿途看到农民正在检查洪水水位而婴儿在河里洗澡。萨隆妮引导学生想象他们面前和周围其他可能的场景，留给他们充足的时间在脑海中静静描绘。结果，学生完全沉浸在自己的想象之中。

之后，萨隆妮让学生睁开眼睛，要求每个人都在纸上写下他们脑海中出现过、感觉到的事物。为了帮助学生顺利完成这项任务，萨隆妮询问学生“角色扮演法”几个步骤中出现的问题：你把自己想象成尼罗河时，在前方和周围看到了什么？你能够理解或相信什么？你真正关心什么？你好奇或怀疑什么？学生根据这些提示把自己的想法和观点绘制成表格或写成完整的句子。

学生一旦拥有自己的想法，萨隆妮就要求他们根据这些零碎的观点写成一篇关于尼罗河的诗歌或散文。其中一名学生写道：

我是尼罗河

我能看见，

农夫赶着牲畜在田间劳作，

男孩携着玩伴在岸堤嬉耍，

一位妇人在河里洗涤衣物。

我能感觉到，

金色的阳光照耀全身，

我的存在给予人便利，

故而我依旧川流不息。

涓涓细流，淌过男孩、农夫和妇人的脚踝，

吾心依旧，茕茕孑立而越发静谧。

只见一位老人低头啜饮，

我莞尔一笑，主动献上水源。

水花在石崖和树根间飞溅，

牲畜终有了饮水嬉戏之所。

我极目远眺，目光所及之处是一片红土地。

红土地绵延深远、干涸荒凉。

我庆幸自己能灌溉土地、福泽人民。

而另一位学生达维娜则将自己的观点写成了一篇散文：

我是尼罗河

我是尼罗河，河水流经整个埃及，仿佛漩涡一般昼夜不停歇。当我流淌在河道时，看到岸边妇人正在洗涤衣物，孩子从河中取水，动物们在水流中嬉戏。我还能推动行船加速前进，方便游泳者尽情享受这份凉意。农场、人类和动植物的生命与我息息相关：人们在河中捕鱼，植被环绕在我周围。极目远望，前方是一片红土地。粮粟有了我的滋养旺盛生长，人类有了我得以繁衍生息，孩子也能在河滩上玩耍，可惜争夺水源的斗争却从未停休。

我是万能的生命之源，我敞开胸怀接纳每一个人；同时，我也是万物的中心，因为我能够为植被提供水分和养料。不过，有时我也会觉得浑身不适，因为植被生长需要分走我的营养，而养料是我密不可分的朋友。在人类眼中，碍于身份我显得很卑微。然而，我仍旧尽自己所能灌溉那片干涸的红土地。显然，我没有得到应有的尊重：假如人类把我视为神圣，我又怎会如此肮脏？

我能够为人类和环境提供帮助，同时我有拯救人类的能力。每当战争爆发，兵戎相见，我心中就充满罪恶感，假如人类不需要争抢水源，那么战争就会大为减少。我是一个特殊的存在，因为我既是战争的见证者，又必须为战争做出牺牲，这令我感到骄傲且自豪。

萨隆妮惊讶于这段文字展现的思想深度和细节描写，“结合这一方法进行教学之前，学生写的诗歌和散文中从未出现过这样深入细致的描写。分析‘角色扮演法’的每个步骤仿佛是在欣赏一栋建筑，你不只需要观察它的外观，还要注意其中的一砖一瓦。显然不取出一些砖块，你便无法看清其内部构造。假如最初你只关注大楼的整体，那么慢慢‘走近’它能够帮助你看清一些曾经忽视的细节。”

反映在学习上的成果就是在学生掌握了“角色扮演法”之后，他们诗歌和散文的写作水平有了明显提高，萨隆妮表示：“这给了我们观察细节和复杂性的机会，同时也能减缓学习进程，确保学生注意到某些容易被忽视的问题和细节。如果我要求学生把自己想象成尼罗河，那么就会落入俗套。不过，只需营造一个相对安静的环境，学生们就能充分思考并且有更多的时间去记录。”

“红黄灯”法则

一边阅读、观察或聆听手中的素材，一边思考下列问题：

- 这里“红灯”指什么？它一般指阻碍你（作为读者/倾听者/观察者）继续阅读、聆听或观察的材料，因为它的真实性和准确性值得怀疑。
- “黄灯”指什么？它一般指那些迫使你延迟行动或暂时停止，并怀疑其真实性和准确性的材料。

我们研究小组发现了一个对思维习惯的培养起决定性作用的因素：应用场合。很多时候，尽管拥有思考技能，但人们却不善利用，这主要是因为应用场合不适宜。于是，大卫·帕金斯提出一条专门用于怀疑和提问的“红黄灯（RLYL，Red Light. Yellow Light）”法则，它有助于充分调动学生倾听和阅读的积极性，学会怀疑。这一法则利用交通信号灯的引申义，引导学生挖掘“红灯停、绿灯行、黄灯缓”的深层含义。

目标

“红黄灯”法则旨在帮助教师和学生发现在探究材料中发生疑惑的具体时刻和标志。一般情况下，一概而论、利己主义、简单总结、偏见和隐藏的动机等都比较抽象，因而很难被发现。假如学生想深入理解主题，必须学会分辨真假，不能选择对此不屑一顾或直接漠视。教师应该有目的地运用“红黄灯”法则引导学生揭露谜题、观点、结论或归纳中存在的疑问，提高对问题的敏感度。

内容选择

“红黄灯”法则适用于明确表明立场或态度、给出结论或归纳的分析材料，例如，报纸的评论文章、亟待解决的谜团、缺乏严谨性的数学论证等。除此之外，限制危险行为的规章制度、校外争论或关于班级旅行筹款的提议等也都可以拿来分析。

不过，教师应确保选择的话题、冲突或争论具备一定的争议性，这样才能充分利用“红黄灯”法则。假如资料不全无法引起激烈的讨论，那么学生便无法了解其中存在的问题。同样，假如“红、黄灯”的分析材料来源相同或者观点“一边倒”，那么这种研究也不存在任何意义。例如，“报纸观点总是有失偏颇，因此我从来不相信报纸的观点”，这种类型的讨论话题对学生就没有太大用途，因为学生无法分辨其中的不同。按顺序分析作品的各个章节或跟踪媒体短期内激烈讨论的新闻有助于学生时刻保持警惕，从而考察其准确性和真实性。

步骤

1. 导入。简单介绍分析材料，不要发表任何评论，或者不向学生做任何讲解，要求学生挖掘材料的深层含义和主旨等。

2. 观察：寻找红黄灯。要求学生独立或以小组形式寻找探究材料中发生疑惑的具体时刻和标志，利用交通信号灯的引申义，在犹豫、停顿的地方标上“红灯”，在需要仔细检查和特别注意的地方标上“黄灯”，那么剩下的部分就是“绿灯”。为了更加清楚地区分“红黄灯”，教师可以给学生分发红、黄两色的马克笔做标记。

3. 收集。首先收集学生的观察、分析结果并制成表格：“R”表示“红灯”，“Y”表示“黄灯”。其次，教师应对学生的答案进行归纳整理，“交集”指大部分学生将其标为“红灯”或“黄灯”的部分。最后，要求他们解释将某一观点或部分归为“红灯”或“黄灯”的原因并做好记录。

4. 交流。教师在绘制完成“红黄灯”表格后，引导学生跳出原有框架从整体上对这份表格做出分析。问题包括：“你怎样通过分析具体标识了解材料存在的问题或疑问？你怎样看待表格中出现的‘交集’？”要求学生回答以上问题并进行交流。

实践和改进

为了提高位于美国密歇根州特拉弗斯城公立学校的专业研究小组的教学水平，马克·丘奇经常使用“红黄灯”法则分析教学成果。马克建议其他教师在分享教学成果、评论学生作业时，利用“红黄灯”法则深入推进讨论，而不能仅表示赞成或反对，“在判断红黄灯的过程中，教师的注意力变得更加集中，他们能够仔细聆听并相互借鉴。即使对某一观点存在疑问，他们也不会随意打断别人的讲话。”马克说，“面对具有争议性的观点时，‘红黄灯’法则能够确保讨论有条不紊地进行。教师不必立刻做出判断，只需根据红黄灯的指示识别出潜在问题即可。”

此法则还可用于对实施方案的讨论，校长和学科负责人在向董事会提出建议或行动方案时可使用“红黄灯”法则。根据“红灯”和“黄灯”的比例，几位负责人能够清楚掌握提案中存在的疑问、亟须重点攻克的条款，这有利于快速解决问题，不至于手忙脚乱。

托尼·卡维尔是比亚力克学院六年级的老师，他发现“红、黄灯”的引申义有助于学生检测自己的阅读理解能力。他要求学生分别查找降低自己阅读速度（“黄灯”）和阻碍阅读（“红灯”）的文本内容，等到第二天课堂讨论中，学生就可以相互交流他们标红和标黄的段落，分析他们减慢和停止阅读的原因。最后进行全班讨论，总结一般情况下读者处理“红灯”和“黄灯”的方法。

评价

教师在教学过程中使用“红黄灯”法则需要注意以下几点要求。学生是否愿意面对阅读、倾听或观察时出现的难题？学生如何区分“红、黄灯”，做出这种选择的原因是什么？因此，对于教师来说，弄清学生如何理解信息至关重要。同时，教师还应注意学生在课堂讨论中提出的观点、想法、理论和归纳，观察他们能否利用“红黄灯”法则审视其中存在的过度泛化或简化的问题。

建议

开始搜索“红灯”和“黄灯”时，学生很容易走进“都是红色”或“都是黄色”的误区。一旦发生这种情况，教师就很难控制课堂讨论；学生要么以偏概全，要么一概而论。例如，学生刚开始阅读就碰到“红灯”问题，那么他们就容易把之后碰到的所有问题归为难解之题。此时，教师可以给学生举例说明，帮助他们区分“红灯”和“黄灯”问题并重新展开讨论。这有利于引导学生仔细研究问题的差异性和复杂性，从而不会轻易做出判断。

当然，学生也可以寻找“绿灯”，即他们肯定的观点，那么使用排除法剔除这些观点之后，剩下的便是阻碍阅读和存在疑问的部分。经过多次训练，许多老师都已掌握正确寻找“红灯”和“黄灯”的方法，尤其是议论性强、涵盖面广的话题。通过在文本中标记红、黄色，学生不再把“红黄灯”法则看作一个孤立的活动，而是能够从中学习隐喻性思维。这种持续性练习有助于学生分清场合、不盲听盲从，变得更加深思熟虑。

—— 研究案例 ——

塔米·兰茨是美国密歇根州特拉弗斯城长湖小学五年级的老师，多年来她一直注重训练学生的思维能力。不过，最初介绍思路时，她不懂得如何与课堂教学结合起来，只把它看作一项单独活动。她指出：“现在我意识到了解学生思维方向的重要性，学生与我分享内心世界的那些欢乐时光，时至今日依旧记忆犹新。”

最近，塔米将“红黄灯”法则引入教学之中，她期望这能够提高学生的思考能力。“对我来说，‘红黄灯’法则是一个崭新的思路，”塔米说，“它的步骤与其他方法有所不同，因而我感觉一切都回到了原点。不过，经过多次训练我发现它已经不知不觉地融入了我和学生的对话之中。”

塔米决定用学生熟悉的思路介绍“红黄灯”法则，“我向他们展示了前几届学生基于‘主张—证明—提问（CSQ）’的思路对中央航路[①]的奴隶贸易进行概括的样例。做出这种选择的原因一方面是由于本班学生已经研究过这一话题，另一方面是因为他们已经掌握‘主张—证明—提问’的思路，因而是引入‘红黄灯’法则最好的切入点。”塔米要求学生研究学长的答案并思考其中值得借鉴的地方，以下是部分样例：

- 中央航路的航线很长。
- 西非人曾经度过一段自由自在的生活。
- 西非人惧怕中央航路那段骇人的旅程。
- 黑人奴隶宁愿死也不愿经过前往美国的这段“死亡路线”。

---

① 中央航路（Middle Passage）：特指1518年至19世纪中期向美洲贩卖非洲奴隶的中段旅程，需横渡大西洋。

然后，塔米给全班同学解释交通信号灯的引申义，“红灯相当于‘嘿，等一下’，黄灯要求你暂停，即‘我明白你的意思，但是……’”她要求学生思考并指出如何给样例标记红灯和黄灯，学会与其他同学交流。同时，塔米还将往届学生的答案样本贴在教室的墙上，以便学生讨论分享。

学生很快就适应了“红黄灯”法则的思维方式，塔米明白从一开始这就是一个具有讨论价值的话题，它要求学生根据已经学习过的知识分析贴在墙壁上的样例回答。许多学生都针对答案的模糊性提出自己的见解，例如尽管“中央航路的航线很长”这一论断的基本前提不存在任何问题，但是学生仍将其视为“黄灯”问题，因为“很长”的表述过于笼统。同时，学生还评论样例的措辞，一旦遇到“全部”“从不”或“总是”就将其标红。在塔米看来，“红黄灯”法则不仅能够引导学生进行合理怀疑，而且有利于提高学生在措辞上的精确性和准确性。

经过一段时间的训练，塔米又要求学生根据“红黄灯”法则重新分析之前依照“主张—证明—提问”这一思路研究过的社会课作业，希望通过这种方法培养学生自我批评的意识。学生被分成两人一组相互讨论“红灯”和“黄灯”的位置，从而使自己的观点得到优化、更具说服力。“我发现学生开始相互交流之后，他们的措辞更加严谨，讨论也不再是简单地评价对错，”塔米说道，“学生更愿意交流心得、提供建议，这样一来每个人都能够融入学习之中。”

塔米相信不久之后，“红黄灯”法则就会成为课堂文化必不可少的一部分：你认为材料中哪里应该标成“红灯”，哪里为“黄灯”？她认为学生今后一旦遇到分歧或争议就会自然而然地利用“红黄灯”法则进行分析。塔米指出：“在我看来，‘红灯’为学生提供了一个推翻看似逻辑严密的论断的机会，‘黄灯’则意味着保持怀疑态度、不迷信权威。推广‘红黄灯’法则有利于提高学生讨论、反馈和自我反省的能力。”

主张—证明—提问

根据观察、经历、阅读内容或学过的知识，回答下列问题：

- 针对已有话题、问题或观点提出自己的主张。主张一般指对某一方面的问题进行解释说明。
- 提供论据支持。依照观察、感知或了解的内容，你能提出什么论据来证明自己的观点？
- 进行提问。你为什么怀疑这一主张？还有哪些尚未解决的问题？是否存在尚未解释清楚的方面？你还有其他想法和观点吗？

学生若想拥有批判性思维能力，必须善于发现和分析问题，学会去伪存真。一般而言，“真实性主张”指说话者或作者的观点和想法，甚至包括归纳、猜想、假设或提议等。将以上所有概念统一起来就成了所谓的“主张”，这些主张只有经过论据推断和质疑才能确保其真实性，“主张—证明—提问（CSQ）”这一思路便应运而生。

目标

教师和学生经常需要判断推论的真实性和准确性，而“主张—证明—提问”能够帮助他们识别和探究这些观点。证明推论的过程中要求学生首先寻找样例，然后总结归纳，最后进行识别判断。有时这些论断也来自他人的观点，但教师和学生可以依照对事件的分析或对现象的调查提出自己的主张。

在课堂上进行分析讨论时，学生经常简化这一过程，只回答同意或是不同意，长此以往，讨论变得越来越没有深度和挑战性。不过，一般情况下也很难做出明确判断。“主张—证明—提问”的目的之一就是帮助学生通过仔细分析，判断某些主张正确的概率，这为他们提供了判断某一推论的有效性和真实性的机会：有什么证据能够证明推论的真实性？你为什么有所怀疑？这不仅有助于学生表达自己的看法，还有利于实现学生思维过程的透明化。

内容选择

无论是针对全球变暖问题进行的讨论，还是政客向选民鼓吹的某一政策，具备独立思考能力的社会成员都能够分辨孰是孰非。事实上，大众媒介（例如报纸、杂志、电视辩论和政治漫画等）也随处可见各种主张和论断。

尽管社会性问题值得探究，但在教学过程中同等重要且频繁出现的则是学生在完成实验、阅读文献和解决开放型数学题时提出的理论和观点以及做出的归纳和解释等。从事数学研究离不开论断、概括和推测，即学生根据事件、游戏和题目中出现的数学问题做出推断和总结。教师应仔细聆听学生的推断，随时发现值得研究的地方，要求全班学生共同探讨。

“主张—证明—提问”适用于任何能够进行多元解读和深入探究的内容。教师应做好对推论、解释和概括做出判断的准备，运用“主张—证明—提问”寻找证据来赞成或反对学生的主张。

步骤

1. 导入。首先给学生介绍“主张”的具体含义，它包含很多内容：猜想、推测、概论、断言、声明、理论和假设等，简而言之，主张是对“这里发生了什么事情”的说明和判断。然后，向学生说明事情发生的背景和情景，而各小组的任务就是找出“发生了什么事情”。这样课程结束时，学生能够对事件的真实性有一个更好的了解。

2. 主张。在展开话题讨论之前，教师可以让学生先思考“你对这一话题有什么看法、主张或解释”。或者等课程开始后再回答问题，“既然你已经研究了一段时间，现在能向大家解释说明你的主张吗？”教师应把全班同学的看法和主张记录下来并在今后的教学过程中随时补充更多内容，不过，也有部分教师习惯在表格和黑板的中间记下学生的主张，然后一侧写论据，一侧写存在的问题。

3. 证明。“依照你所观察、注意、了解或发现的内容怎样证明这一主张的正确性？”为了回答这个问题，学生一般会利用额外的实验、研究、发现或已学过的知识寻找证据来支持自己的主张。学生应依次说出每个主张的理由，由教师负责记录以确保大家都能看到，这一步的实质就是要求学生思考他人支持某一主张的原因。

4. 提问。在这一步中，教师应引导学生进行合理质疑，让他们在已有论据的基础上思考推论的真实性和准确性。提问如下：“既然你已经找到了支持这些主张的论据，那么其中是否存在反对意见？若想证明主张的真实性，需要提问什么问题？还需要分析或解释什么内容？”

5. 交流。教师应随时记录学生思维的变化情况，指导他们质疑或借鉴他人的观点。同时要求学生从众多主张中挑选自己支持的观点，根据可信度从“仍有质疑”到“完全赞成”依次进行排列。假如使用“主张—证明—提问”分析具体话题，学生应明确表示自己的态度和立场。

实践和改进

“主张—证明—提问”是一种有利于培养学生思维能力的教学模式。为训练学生的思考能力，比亚力克学院的数学老师凯特琳·费曼将“主张—证明—提问”与中小学数学学习结合起来。她经常要求学生从多个角度思考解题策略，然后给学生一段时间写出答案。10分钟后，她将学生组织起来询问他们对题目的看法和解题思路，并将学生的初步想法记录在表格中。之后，凯特琳则要求学生继续思考解题方法，寻找论据用以支持或推翻原有主张。这样一来，凯特琳不仅能够顺利完成教学任务，而且向学生灌输了猜想、归纳、分析和证明等要素与数学的紧密联系。

美国密歇根州萨吉诺市一位中学历史老师指导学生运用“主张—证明—提问”分析2010年美国中期选举，他分别挑选几位候选人针对失业、就业、社会保障、医疗、“不问不说”政策和移民等议题的主张（没有标明人名或政党）要求学生进行评判。例如，其中一个观点要求废除现行医疗保险制度，由民众自愿投保养老。同时，他还要求学生说明自己支持和质疑的观点。课堂讨论结束后，学生需要选择一位支持或反对的候选人并从之前的讨论内容中选择与其主张一致的议题，这一讨论结果令学生十分惊讶。

评价

一旦“主张—证明—提问”成为固定的课堂思维模式，那么教师应该关注学生发现并提出主张的语境。学生能够注意到建议和解释过于宽泛、缺乏挑战性吗？学生的归纳和猜想能够抓住事件的本质吗？根据学生的回答，教师能够判断学生是否具备处理信息的能力并保持合理的怀疑态度。

注意学生判断真实性的方法。如果学生支持某一主张，那么他所提供的证据是否严谨，还是仅依据主观想法或个人经验给予评判？学生是否会为了深入理解某一观点而提出相应的问题？比如，他们是否会研究具体事例？学生能否根据已有标准分辨论据的可信度？例如能够有效论证数学题的方法。

建议

教师通常把“主张—证明—提问”看作检验和理解观点的有效方法，然而有时在课堂教学中却派不上用场。尤其当教师过分关注学生吸收知识的过程而不是检验学习成果时，这种情况经常会发生。“主张—证明—提问”为学生从不同角度论证某些复杂问题创造了机会，最终学生在经常运用“主张—证明—提问”的过程中能够意识到仔细论证、全面分析是真正理解某一观点的基础和前提。

“主张—证明—提问”并不意味着所有学生必须赞同或反对某一观点或明确表示自己的立场（尽管在某些情况下必须这么做）。然而，一旦教师在课程结束时告诉学生答案，他们反而会觉得之前所做的工作没有任何意义。不妨继续谈一谈论证的问题，如果学生的论证不够严谨，那么教师可以通过提问的方式启发学生进一步探究，这远比直接告诉他们答案效果要好。

研究案例

玛丽·贝斯·史密特是美国密歇根州特拉弗斯城一所中学七、八年级的数学教师。一走进她的课堂，你立刻就会被班级的数学氛围深深吸引。教室的墙壁上贴满了各种图表和方程式，展示各小组学生对数据的分析推理。窗户上的彩色便笺纸全是学生对数学原理的研究。教室里随处可见学生提出的数学猜想和解题方法，这些都足以说明她对学生数学思维和自主学习的重视程度。然而，直到玛丽·贝斯开始关注归纳、猜想和观点，她才意识到课堂氛围的重大转变。

“我认为学生一旦学会用论据论证自己的观点，那么他们的数学学习能力可以得到很大提升，”玛丽·贝斯说，“这也就是‘主张—证明—提问’

最初吸引我的原因。我本以为自己能够胜任‘主张—证明—提问’教学，可事实上我的教学指令最多符合‘主张’和‘证明’的要求，但是却缺乏‘提问’环节。比如，解方程时学生只须回答‘x= 7’，因为我没有提出其他要求。结果，学生一般只给出答案和证明，很少进行其他方面的讨论。表面上看学生似乎需要证明答案的真实性，可事实上我没有明确要求他们提供论据来支持或反驳理论、观点或猜想。”

玛丽·贝斯希望拓展“主张—证明—提问”的应用范围，而不是局限于分析某一特定的问题或步骤。她决定让学生从多角度入手处理数学问题，“一开始是简单提问，然后逐步深入”。首先，玛丽·贝斯会问学生：“你认为应当如何判断等式是否成立？”然后给学生留几分钟的思考时间，把他们最初的想法记录下来（见表6.1），但不判断对错。她说：“我认为应该保留一些错误观点让学生来研究和证明。”

表6.1　八年级学生对等式的看法

我们如何判断等式是否成立?
● 结论相同等式才能成立。
● 你可以决定表格是否相同。（使用）
● 数值相同等式成立。尽管两边算式不同，但数值必须相等。
● 运用分配律分别计算出等式两边的数值，然后进行比较。
● 在等式两边分别代入同一数字进行验证，假如数值相等那么等式成立。

玛丽·贝斯将学生的初步想法戏谑地称为“受审的主张”，这就好比一位正在审理案件的法官，“一些主张是真的，而另一些则模棱两可；在这种情况下，我们需要花几周时间查明真相”。

学生在研究数学等式的过程中，玛丽·贝斯时不时会要求他们回顾“受审的主张”，检验原有观点的正确性。同时，由于学生对等式有了进一步的认识，因此她建议学生多提问题，她说："我希望之前总结的方法适用于解决任一问题或教授任意课程，而学生也能够在原有观点的基础上，思考其中存在的问题，从多个角度入手寻找解题思路。"

课程临近结束时，玛丽·贝斯给学生布置了一项家庭作业，要求他们选择其中一个主张进行分析：通过证明、质疑或者做出适当调整从而确保它的逻辑性和严谨性。这一项要求为玛丽·贝斯掌握学生对等式的理解（见图6.1）提供了机会。

在两个算式中代入同一数值替换未知数x，若和相等，说明两个函数相等。

学生批注：分别代入3个不同的数字进行检验

在两个算式中代入任意数值替换未知数x，若和相等（≥1次），说明两个函数相等。

学生批注：我赞成这一论断，因为假如两个算式相等，那么对于同一个自变量x，它所对应的函数值y相等。

例：$y_1=3x+100$ 与 $y_2=100+3x$
当x=2时，y_1，$y_2=106$；当x=3时，y_1，$y_2=109$，
由此可证，以上两个函数相等，因为它们的y值相等。

在两个算式中代入同一数值替换未知数x，若结论总相同，说明两个函数相等。

学生批注：我对以上论断进行了修改，将"和"改成"结论"，因为"和"特指加法运算，但实际上算式中可能存在乘法运算；同时我增加了"总"这个字，因为假如只检验一个x值，发现y值相等，那么有可能只是巧合。

图6.1　八年级学生对等式的主张

玛丽·贝斯发现，经过训练学生的思想深度有了很大提升。"主张—

证明—提问”重视提出观点和寻找论据，这有助于学生深入思考问题之间的联系、解题方法和解题过程，而不是满足于语言表达，“学生把自己和他人的观点真正融合在一起，他们甚至能够准确记忆其他同学的观点，‘我记得乔那天说……’或‘亚历克斯认为……嗯，但我觉得……’总而言之，学生越来越重视他人的看法。在我看来，这种数学学习过程中的相互交流值得提倡。”

此外，玛丽·贝斯认为经常使用“主张—证明—提问”对她的教学方法产生了深远影响，“我发现自己的教学观发生了很大变化，过去我总习惯于聆听学生的解题思路和步骤，现在我更愿意在他们分享解题思路时提问，从而引导学生深入思考。”她说，“同时，一整个学年我都在思考某些数学思想和概念之间的联系。我越来越重视学生重新思考和借鉴他人观点的情境以及提出主张和理论、进行归纳和概括的过程，而不是按部就班地完成教学任务。”

“拔河”

在课桌的中间画一条线代表拔河绳，从多个角度思考自己面临的困境，依照下列步骤完成任务：

- 首先，确定令你犹豫不决的对立双方，分别在绳子两段标记出来。
- 其次，尽可能多地收集各种“分力”或迫使你“前倾”的原因，即分别寻找支持双方观点的论据，记录在便利贴上。
- 再次，比较每一条“分力”的大小以便安排其位置，按照力量由弱到强的顺序从绳子中间依次向两边延伸。
- 最后，回答“假使……该怎么办”类型的问题，将答案记录在便利贴上，放置在“拔河绳”的两侧。

人们处于进退维谷的境地时，最常联想到的就是拔河比赛的场景：一组影响因素或原因从一边拉扯你，而另一组则试图把你拽到相反的方向。然而，拔河比赛时使用的力量并不平均。绳子尾部是受力最强的位置，越接近中心力量反而越弱，好像随时都会被拉过河界。于是，我们研究小组借用“拔河”的引申义来探索问题和观点。

目标

确定看待问题的立场并给予证明是一个重要的技能，不过，有时仓促地决定和捍卫自己的立场可能导致思维片面化，把问题看得过于简单。“拔河”旨在帮助学生理解困境或问题的对立双方包含的复杂要素，它鼓励学生进行全面考察，认真思考矛盾双方的各个因素。学生通过不断探讨，最终能够理解矛盾的复杂性。

内容选择

“拔河”适用于研究对比鲜明、解决方法明确的问题或事件（注：对立因素一般不止两种，因此要提前做好准备），一般从学习科目、时事问题或日常生活等中挑选研究对象。例如，人口增长与土地保护的矛盾关系、政府税收和公共服务之间的紧张关系、加强监管和顺其自然之间的抉择、从复杂的人物关系中挑选一个小说人物、学生面临的伦理道德困境等。学生最好不要轻易选择自己的立场（像参与辩论比赛），而应从多个角度寻找、探究论据，这对深刻理解复杂问题至关重要。

步骤

1. 导入。确定用于班级讨论的话题，可从当前研究或新的学习材料中挑选，例如一段文本或视频。同时，学生需要具备识别问题或困境的能力，教师可以询问："你认为问题在哪儿？"或者"这个问题是关于什么内容的？"一旦学生明确研究内容，教师须在白板或图纸上画一条线代表拔河绳，让学生在绳子两端写下两种对立的观点并贴上标记。

2. 考虑"分力"。要求学生充分寻找和收集其中一方观点的"分力"或支持因素，不必考虑教师的意见。一般学生可独立、以小组或全班形式完成任务。学生须在便利贴上写下理由，这样有利于观点的改变和移动。之后仿照以上步骤完成对另一方观点的寻找和收集工作（注意：不必总是分开完成两方观点的收集任务，但这适用于初学者熟悉步骤）。

3. 放置"分力"。将学生分成小组或全班共同讨论各条"分力"的位置，尽管分辨各方观点十分重要，但是学生更应把关注点放在解释分析放置原因和比较各条"分力"的大小（即哪一条因素更具说服力）上。

4. 提问：询问"假使……该怎么办"类型的问题。教师可选择在学生讨论"分力"位置时进行提问。例如，学生回答"这要看它是否合法了"，其中"视情况而定"就是一个提问点。教师应将学生的回答记录在不同颜色的便贴纸上，放置在"拔河绳"的两侧。一旦学生完成讨论，就可以提问"假使……该怎么办"，这有助于学生进一步探究问题、因素或关注点。

5. 交流。假如学生以小组形式完成任务，那么教师不妨留出一些时间思考各小组的"拔河"示意图。例如，学生是否想出了新的观点？学生对待困境的看法是否一致？如果不同，那么是什么改变了他们的想法，又有什么补充观点？他们如何归纳其他小组的看法？

实践和改进

"拔河"的思考方式能够充分调动课堂气氛，特别是对"分力"位置的讨论有助于激发学生的讨论热情，教师甚至发现不必完成所有思考步骤就能够掌握学生对某一难题的理解情况。例如，教师只问“如何分析延长上课时间的两类影响因素”就足以引发一场激烈的讨论。当然，并不是所有的困境或问题都只包含两方对立因素，有时会存在三至四种力量作用于绳子的中心位置。因此，假如影响因素超过两种，那么学生需要从多个方面考虑问题。

教师有时需要花时间指导学生分辨作用于某一问题的不同方面，这是使用“拔河”思路的重要技能，因为学生看待问题的方式最终将影响解决方案的制定。例如，在美国马萨诸塞州一所高中的社会课上，学生拿到一篇有关当地取消为流浪汉免费派发食物的新闻报道，原因是在街上派发食物不符合食品制作和存储的卫生标准。读完这篇报道，教师要求学生思考其中所涉及的影响因素，包括：食品安全、政府对慈善机构的监管力度、慈善机构播撒爱心却违反法律的道德窘境以及是否需要改变食物派发的位置等等。每组学生从其中一个方面入手展开讨论。

墨尔本三一文法学校的学生在针对地球保护周进行讨论时提出了汽车污染的问题，其中一个学生认为改善环境必须从停止使用汽车开始，于是，教师要求学生根据“拔河”的思维方式来讨论这一问题。他首先让每名学生思考一个因素并把它写在纸上，然后在教室的地板上画一条线代表拔河绳，要求每名学生依照自己观点说服力的高低来站位。最后，从中间的学生开始依次说出自己的观点，可根据具体情况随时交换位置。

评价

“拔河”这个思路为教师提供了评价学生答案的多重标准，例如，学生如何理解话题？他们能否抓住问题的核心？他们如何看待困境包含的对立因素？他们是否摇摆不定？学生对以上问题的回答能够清楚说明他们对问题不同方面的理解。

教师在学生选择影响因素时应格外关注他们分析表述对立观点的能力。学生能否跳出自己的思维框架，考察另一方的影响因素？同时，注意学生对“分力”排列顺序的理解，学生如何解释观点的排列顺序？他们能否提出有讨论价值的问题？学生对“假使……该怎么办”这类问题的回答能否促进他们对所遇难题的理解？最后，学生能否拓展思维从而真正理解这一难题？

建议

教师应确保讨论话题在具备层次性的同时有助于学生课堂参与度的提高。假如学生未能完全融入讨论，那么他们就很难想出有价值的观点。同时，学生不应过早进行总结评价，这有利于他们从相反视角观察问题并寻找矛盾双方的对立因素。教师应该为学生表达自己的态度或立场创造机会，但在从不同视角探究、分析、质疑和充分理解问题之前不应仓促展开讨论。一般可以在运用“拔河”的思路思考问题之后结合“过去我认为……但现在我认为……”进行分析，这样方便学生迅速回顾原有想法。

思考过程中使用便利贴记录的优点之一在于学生可以随时调整观点的位置。假如学生的观点一致，那么可以把它们归为一类，这样与观点对应的类别或主题便能够清晰地呈现出来。此外，教师可以利用交互式电子白板进行教学并把答案打印出来以便今后分析讨论。例如，完成班级讨论后，学生一般需要单独解释反对某一“分力（影响因素）”的排列位置的原因。

—— 研究案例 ——

“思维透明化的观点立刻吸引了我，”密歇根州特拉弗斯城的克莱尔·泰格劳尔老师表示，“我很想了解学生内心的想法。”在她看来，由于“拔河”的思路有助于学生从多个角度思考问题，因而能够与中学语言艺术教学完美契合。克莱尔发现，学生阅读时总习惯于直接跳到文章的结尾，这不利于学生进一步研究文本。她希望通过教学增强学生思维的灵活性、不断拓展学生的思维，从而提高他们的思考能力。因此，教学过程中应加强对学生分析复杂问题能力的培养。

“‘拔河’之所以能够吸引我的注意，主要在于它能够指导学生顺利完成某一思考过程。一般情况下，我不会立即要求学生表明自己的立场或态度，因为学生的思想和观点可能经常发生变化，他们在表述的过程中随时会遇到与自己观点不一致的情况。”克莱尔说。

当八年级的学生开始阅读美国作家洛伊丝·劳里的科幻小说《记忆传授人》(*The Giver*)时，克莱尔认为这是训练“拔河”思路的绝佳机会。这部小说讲述了主人公乔纳斯十二年来一直以为自己生活在一个乌托邦式的理想社会之中，结果却骤然发现支撑它的不过是谎言。这是一个“大同”社会，生活千篇一律，人民无欲无求。克莱尔发现其中造成学生理解困难的问题是：人类对于永恒幸福和乌托邦式的理想社会的迷恋。

之后，学生又阅读了劳里的很多作品。克莱尔在白板上画了一条水平线，要求学生运用“拔河”的方式进行思考。她根据学生之前关于《记忆传授人》主题的讨论提出了一个问题（口头提出并写在白板上）：“如何构建理想世界？”克莱尔提醒学生洛伊丝·劳里的作品为他们思考这个复杂问题提供了借鉴，即大同“社会”的构建方式，把答案写在水平线的一端；而反对大同思想的学生则把观点写在另一端，即“人人各不相同”的世界。然后，她要求学生以小组形式思考这两个方面的因素，不要孤立思考问题。此外，她还建议学生调动思考的积极性，尽可能多地提出自己的看法并把它们记录下来，一张便利贴写一个因素。

等学生完成讨论后，克莱尔让学生基于观点说服力的强弱安排每张便笺的位置，“就好比参加一场真正的拔河比赛，每个小组都应根据具体情况安排最佳阵容，而标准在于说服力的强弱”。

学生解释这样安排的原因时，克莱尔就在一旁仔细聆听，她惊喜地发现自己越来越清楚学生谈论小说主题的方式（见图6.2）。“我对学生的了解越来越深入，”克莱尔说，“学生相互讨论阅读和思考内容时，他们的信仰、恐惧和焦虑一一在我面前展现。例如，他们提到劳里小说中‘大同’式的理想社会，会自然而然地联想到生活在这样的社会中再也没有人会遭受嘲笑或欺负，这说明学生能够自觉地将日常生活的情景融入到我们的语言艺术课堂中来。”同时，学生在讨论过程中的表现也着实令克莱尔惊讶。一部分学生能够很快改变自己的意见，而另一部分能够在借鉴他人看法的基础上调整自己的观点。克莱尔指出：“一方面，‘拔河’这种思维方式有助于学生表达自己对复杂概念的看法；另一方面，它能够培养学生的开放性思维，学会接纳不同意见。”

克莱尔一直想方设法地拓展“拔河”这一思路的应用场合，她表示：“由于‘拔河’与语言艺术课程的完美结合，因此我决定运用这一方法指导学生研读历史小说，探讨之前在社会课上学过的奴隶制问题，讨论年轻男子究竟应该参军打仗还是呆在家里保护家人。另外，站在一名奴隶的立场上，他应该保持现状继续充当奴隶主的私有财产，还是在哈莉特·塔布曼[①] 参与的‘地下铁路’[②] 组织的帮助下实现逃亡？我要求学生思考的目的不是让他们想出正确的答案，而是为学生从不同角度观察和理解问题创造条件。”

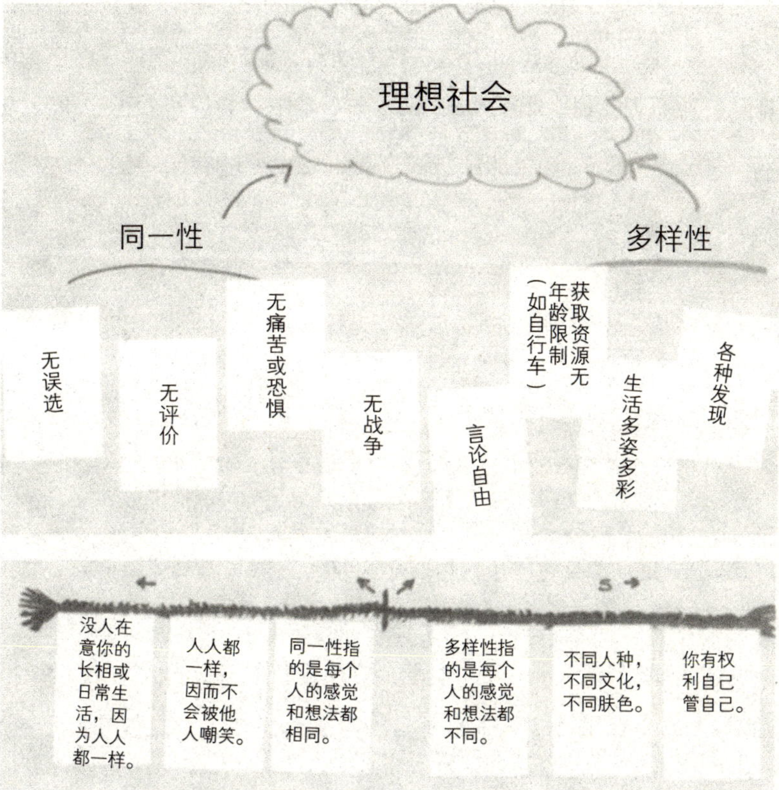

图6.2　八年级学生对建立理想社会的“拔河”思维

---

① 哈莉特·塔布曼（1822~1913）：美国废奴主义者，杰出的黑人废奴主义运动家。她本人就是一个逃跑的奴隶，帮助许多黑奴逃亡，被称为“黑摩西”或“摩西祖母”，美国废奴主义运动的领袖约翰·布朗称她为“塔布曼将军”。

② 地下铁路（Underground Railroad）是19世纪美国废奴主义者把黑奴送到自由州、加拿大、墨西哥以至海外的秘密网络。虽然官方承认只有6000人透过“地下铁路”脱离奴役，但另据估计在1810至1850年之间，逃离的数字有30000至100000之多，它是非裔美国人自由的重要象征。

反思这一思路时，克莱尔指出："对我来说，'拔河'绝不仅仅意味着分析小说的方法，它逐渐成为课程教学过程中不可或缺的一部分，有助于学生的跨学科学习。它不是几个简单步骤或过程，而是一种思维模式；它不是一项简单的活动，而是把视角选择和分析推论结合起来。"克莱尔注意到，随着学生越来越熟悉这一思考过程，他们逐渐学会了倾听借鉴，自身的思考能力和自信心也得到增强。她还指出："我已经掌握了将'拔河'融入课堂教学的方法，虽然某些观点对于这个年龄段的学生过于复杂和晦涩（例如奴隶制和战争），但是这种思维方式能够真正帮助他们理解和解决这些难题。"

句子—短语—单词

复习一篇你阅读过的文章，完成下列任务：

- 选择你认为重要的句子，即表达文章主旨的中心句；
- 标出令你震撼感动或深有感触的短语；
- 画出引起你重视的单词，与其他小组成员展开讨论并记录下来；

每个人依次说出自己挑选的单词、短语和句子，然后解释这样选择的原因。

总结小组内各成员的答案，回答下列问题：

- 文章的主旨是什么？
- 文章有什么寓意？基于已有答案，你能做出怎样的推测？
- 文章的哪些方面是你未曾涉猎的？

这一思路由全国教学改革研究组的教师根据“文本细读法”改进而来，一般用于设计文献阅读的讨论模式，对课堂教学的话语分析和思路探讨具有广泛适用性。它要求应用者从一个单词、短语和句子入手，深入思考文章的主旨大意并展开丰富的讨论。由于我们研究小组习惯于以思维步骤来命名思路，因此将其称为“句子—短语—单词（SPW）”。

目标

“句子—短语—单词”旨在帮助学生理解文本内容，掌握其主旨大意，它要求学生在品味文章语言特色的同时展开丰富的讨论。然而，若想真正发挥“句子—短语—单词”的作用，必须充分理解单词、短语和句子并分析在激励各小组学生相互讨论中发挥的重要作用。此外，学生还需要给予说明并分析，评价对方的选择，这样学生能够意识到关键词与文章大意的关系。总而言之，对句子、短语和单词的讨论有助于学生把握文章的主旨、寓意和启示，等等。

内容选择

至于内容方面，一般选择那些内涵丰富、观点新颖和具有讨论价值的文本，这包括小说和非小说类文学，不过说明文较难理解。选择时应注意文本的长度，假如篇幅过长，学生容易丧失耐心，无法仔细研读。因此，一章节作品、一份研究报告、一篇报道、一首诗歌、一幕剧本等都符合要求。

步骤

1. 设计。讨论前教师应留给学生充足的时间阅读文本，假如篇幅较短可以当堂阅读。调动学生阅读的积极性，重视文本分析。不过，学生暂且不必依照“句子—短语—单词”的方式进行阅读。

2. 选择。要求学生找出表达文章主旨的中心句，标出令他们震撼感动或深有感触的短语，画出引起他们注意的单词，从而加深对文章的理解。学生通过对单词、短语和句子的选择能够展现自己的想法，不过，这其中没有固定答案。

3. 讨论。把学生分成四人或六人一组交流并记录选择的单词、短语和句子，同时解释选择的原因。讨论一般从“句子”开始，要求学生轮流说明、解释自己的选择，然后请小组的其他成员进行分析评价并记录下来。等小组每名学生完成对句子的讨论后，再展开对短语和单词的讨论，这有助于讨论的持续进行和不断深入。

4. 反思。讨论完毕后，各小组需要研究本组的答案记录，寻找其中包含的共性和启示，做出推测。最后，综合分析句子、短语和单词未能体现的文本内容。

5. 交流。展示各小组的答案记录，留给学生充足的时间，研究其他小组选择的句子、短语和单词以及文本蕴含的主旨和启示。之后，要求每位学生简要说明自己现在对文章的理解和“句子—短语—单词”这一思路对提高自身理解力的影响。

实践和改进

“句子—短语—单词”的应用范围很广，从把握文章的主旨大意到提高幼儿的语言表达能力。教师在将小组和全班讨论结合起来进行教学时不会依次使用“句子—短语—单词”的每个步骤。同时，学生分析影响因素而非文本时可使用“部分取代整体”的方法，从而简化此方法。一般在讨论的过程中学生会自觉地思考文章主旨，并根据文本内容做出道德评判和推测。以下是比亚力克学院等地的教师改进“句子—短语—单词”用法的案例：

● 历史老师萨隆妮·布卢姆要求九、十年级的学生完成阅读后选择其中具有代表性的句子、短语和单词来分析文章，寻找答案之间存在的共性和差异，这有助于激发学生的讨论热情。

● 乔西·辛格在指导八年级的学生回顾刚刚阅读过的一本英文小说时将学生分成两人一组，然后给每组学生分配一个章节，要求他们依照“句子—短语—单词”的思路完成任务。由负责第一章的学生开始，各小组依次使用小说中的句子、短语和单词复述每章内容并阐述他们选择的理由。

● 一般而言，“句子—短语—单词”属于严格基于文本的思路，但幼儿老师琳赛·米勒试图改进这一思路指导学龄前儿童学习图画故事书。她首先要求这些四岁左右的孩子仔细阅读书本内容，依次从每页选择一项他们眼中最为重要的信息，然后再从当页选择一段内容，同时解释他们做出以上选择的方法和理由。

● 美国密歇根州美林市一位一年级教师要求全班学生在朗读文章后，一起探讨其中包含的重要句子、短语和单词。然后，他会把学生的答案记录下来，第二天上课时给予他们反馈信息，同时要求学生猜测答案来自学过的哪篇故事。

评价

单独一个句子、短语和单词并不能真正展示学生对文章的理解情况，但是，通过学生提供的解释，教师能够掌握不少信息，包括学生对某些重要概念的理解。这些解释能否表明学生抓住了文章的主旨？学生能否掌握文章包含的重要概念，还是只能找到一些无关紧要的信息？学生做出的选择有什么深层联系？

同时，教师应注意学生在交流过程中能否自觉联系、借鉴他人的答案，而不是只把关注点放在自己的选择上。学生能否以句子、短语和单词为基础展开讨论？学生能否联系文本从而丰富并深化讨论内容？

建议

完成“句子—短语—单词”的步骤一般需要做三次选择，不过具体如何实施应视情况而定。尤其是教授低年级的学生，教师一般选择减少使用步骤。例如之前提到的琳赛老师，她在给幼儿上课时只运用两个步骤“句子”和“单词”。当然有时也可以颠倒顺序，按照“单词—短语—句子”的步骤进行教学，许多教师发现这一顺序更加自然。以上两种方法都可以试验，然后根据具体情况比较哪个更适合。

为详细记录讨论的展开过程，教师不妨使用三栏式表格，在每个标题下方画三条水平线分别用来记录主旨、启示和未提及的问题，不过，应该尽量避免因为记录而分散学生的注意力。学生在说明自己选择的同时需要明确指出句子、短语和单词所在页码，方便其他学生查阅和思考。不妨将每个小组总结的句子、短语和单词张贴在教室前面，这有助于学生深入讨论并寻找文章的主旨、启示和未考虑到的问题。

—— 研究案例 ——

丽莎·沃科克是阿姆斯特丹国际学校五年级的一名教师，为了帮助学生更好地理解奴隶贸易的影响，她选择了朱利叶斯·莱斯特的作品《从奴隶船到自由之路》(*From Slave Ship to Freedom Road*)，书中所附插图由罗德·布朗绘制而成。“这是一本非常有趣的书，”丽莎评论道，“事实上最先出现的是插图，朱利叶斯·莱斯特看见罗德·布朗展出的画作时突然灵感迸发，于是根据插图完成了这部小说。虽然每幅图只对应一页文字，但对于学生来说仍是一个不小的挑战。”

为了把丰富的图画信息和复杂的文本结合起来，丽莎决定把这本书分成几个部分进行讨论，每部分都包含文字和对应插图。这有助于各小组学生在观察图片和阅读文本的基础上，充分研究这部作品。各小组完成讨论后，丽莎又将学生召集在一起，共同探讨各组的选择，形成对故事的完整理解。

首先，丽莎向学生展示了其中一幅图片，要求他们按照“观察—思考—怀疑”的思路进行理解。她告诉学生：“你们对‘观察—思考—怀疑’的方法并不陌生，希望你们能从本小组拿到的图片入手，仔细观察和讨论。这些插画十分具有吸引力，仿佛在讲述自己的故事，你们马上就能明白朱利叶斯·莱斯特如此着迷的原因。讨论完毕后，你们可以再复习一遍文章。之后，我们将引入一种新的思路，‘句子—短语—单词’。”

尽管是第一次使用“句子—短语—单词”，但是从过去几年的教学经验看，学生比较擅长寻找主旨句、相关的短语以及关键词。丽莎给学生提出学习要求：“首先，我希望你们多读几遍文章；其次，每个人都需要从文章中选择一个你认为能够概括文章大意的句子。例如，朱利叶斯·莱斯特希望你如何理解这部作品？然后，另外选择一个新的短语，但是不能从主旨句中进行挑选，确保这个短语能够加深你对文章的理解。最后，画出一个你认为重要的单词。”

由于对这本书的研究属于“不同的人有不同的生活”这一单元的学习内容，因此丽莎希望学生把注意力放在寻找作品的主旨和对自己的启发上，她表示：“尽管这一单元讲述的是当代故事，但是我希望学生能够与历史事件联系起来，因为某些问题现在依旧存在。”

丽莎把学生分成几个小组，给每组安排一页内容，然后要求他们有针对性地展开讨论，直到每组学生完全掌握本页知识。在这个过程中，学生需要认真阅读、讨论作品；而丽莎则在各组之间徘徊，有时会停在某一小组旁边给予指导，鼓励学生在解释插图时互相提问“你为什么这样认为？”

等每个小组都完成了插图分析，丽莎紧接着要求学生大声朗读课文；其次，讨论从文章中摘录的句子、短语和单词并互相解释选择的原因，由一名学生负责记录答案；之后，讨论文本大意、联系时事政治并说明文章对自己的启发。学生花费了近90分钟完成以上各项工作，然后丽莎就把分发的作品和当天的小组记录收集上来。

第二天，丽莎要求学生与班上其他同学交流自己的观点。她首先在交互式电子白板上向全班同学展示作品插图，以便每位学生都能够仔细观察。其次，要求学生在分享他们挑选的句子、短语和单词之前先用一句话总结本阶段的故事内容，她会将答案记录在表格中。之后是相互提问部分，学生需要说明选择这个句子、短语或单词的理由。最后，再解释表格中每一页作品的主题和启示。通过这样一页一页的分析，学生能够根据句子、短语和单词提炼故事的精髓，形成对作品的完整理解；同时，把握朱利叶斯·莱斯特和罗德·布朗希望读者探究的作品主旨并学会联系历史分析当代问题。

在回顾这段教学经历时，丽莎指出：“学生往往为自己的发现感到自豪，因为他们通过分析作品收获良多。学生能够全面、深入地理解奴隶贸易，这远比我在课堂上给他们朗读作品效果要好。此外，他们还学会自觉把自己听到的新闻报道和历史事件联系起来。”

课程临近结束时，丽莎带领全班学生一起回顾教室墙壁上张贴的关于“主旨”和“启示”的表格，大家一起复习各种观点并深入讨论。之后，她还要求学生思考最能准确概括小说主旨的句子和对自己的启发，寻找他们眼中重要的句子、短语和单词，同时画出他们对作品的看法（详细内容见第七章）。

伴随着原声音乐带，学生很快投入到绘画任务当中。绘制完毕后，学生便开始评价对方的画作以及旁边的文字说明。评论内容包括欣赏的理由、相似点或差异性、精妙之处等。在这个过程中，学生有时也会透露珍贵回忆或个人信息，将讨论引向高潮。丽莎认为这种相互交流、自我发现和讲述秘密等形式，有助于营造一个良好的课堂思考氛围，“我提倡这些思路的一个原因在于，它们能够帮助学生了解自己的心声、尊重他人意见”。

PART 3

第三部分

思维透明化研究案例

BRINGING THE POWER OF VISIBLE THINKING TO LIFE

第七章

实现思维透明化的语境环境

本书第二部分介绍的思路为我们展现了面对不同教学环境和教学内容培养学生理解力、实现思维透明化的正确方法。每种思路对应的研究案例有助于教师拓展思维，结合不同的方法开展有效教学。案例中的师生互动能够为教师提供不少启示，方便他们将所学方法运用到提高学生思考和阅读能力中，而不仅仅满足于完成具体步骤。一般而言，这些思路都可以在教学中单独使用，但是若想形成固定的教学模式，教师必须加强训练。本书提供的研究案例多出自与我们研究小组有着多年合作经验的比亚力克等学校，项目主要研究如何理解和创造良好的思考氛围。正是在这种环境下，思维方法和思维透明化策略才层出不穷。本章，我们将探究思维模式的形成过程以及营造思考氛围的必备条件。

在“思考氛围项目”中，我们将思考氛围定义为“能够使培养小组的个人和整体思维成为经常性或日复一日开展的学习活动的一部分，从而受到重视、实现透明化并有所提高的环境”。为了更好地理解思考氛围的概念，教师必须明确以下几个方面的内容。首先，注意“环境”并不一定指教室。无论何时，对于学习小组来说，实现知识增长和智力发展毫无疑问都是他们的任务之一，这就为营造思考氛围提供了契机。地点可以选在教室或会议室、书店或博物馆、委员会议或研讨会等。

其次，定义提及“小组的个人和整体思维”。一般而言，思维是指个人特有的精神活动，然而没有他人的帮助，思维的发展空间就会受到限制。各式各样的挑战、清晰准确表述观点、从多个角度研究他人表达的逻辑性、提出疑问等都能够促进个人思维的发展，此外，以小组形式解决问题、制定决策和理解概念通常比个人独立完成的效果更为显著。纵观历史，尽管有很多凭借自身努力获得巨大成就的事例，但是大多数情况下人类都是依靠集体的智慧最终克服重重困难。美国创造力研究专家肯·罗宾逊爵士指出：“最伟大的学习通常发生在小组内部，合作能够促进学习。假如我们将个人从集体中分离出来，单独评价个人成就，那么就等同于让他与自然的学习环境脱节。”因此，在肯定个人的发展和贡献的基础上应当充分利用团队的力量来推动思考。

后面“受到重视、实现透明化并有所提高”这一部分的定义也值得探讨。没有任何一家教育机构敢宣称自己不重视思考的价值，就如同每个人看到母亲做苹果派都有义务提供帮助一样，然而，真正应当引起重视的是那些表述清晰、具有辨识度的概念。在第一章我们曾提及，由于“思考”这个单词在认知活动中的广泛应用性，因而有时很难区分它的概念。重视“思考”则意味着在任何情况下都能分辨它所表达的意思，即清楚说明哪些思维类型具有价值、值得推广。作为小组负责人有义务具体阐述他们眼中有价值的思考方式，而不是简单地表示“我们认为思考很重要”，只有这样思维透明化才有实现的可能性。本书为大家展示了实现思维透明化的具体方法，包括提问、倾听、记录以及运用各种思路等，这为教师了解学生的思维过程提供了平台，从而培养、提高并深化学生的理解力。

“经常性或日复一日的学习活动”这一表达方式与维果斯基的观点“生活中充满智慧和知识”有异曲同工之妙。假如我们希望营造思考氛围，必须要求学生不断思考，不能把它看作仅出现在特殊场合的一次性活动，而应理解为教学活动中普遍存在的行为。罗伯特·L. 弗里德在著作《游戏教学》（*The Game of School*）中引用了维果斯基的观点。维果斯基认为，很多时候在很多情况下学生通过游戏教学学到的知识十分有限，因而这种教学方法不值得提倡，可以说这是一个运用技巧将信息进行加工、存储为短期记忆的游戏，并不涉及思考过程。这一观点反复出现在2010年由维姬·阿贝利斯和杰西卡·康登导演的纪录片《无处比赛》（*Race to Nowhere*）中，来自美国各地的学生纷纷表达了自己的心声。在他们眼中，学校教育的目的只是单纯地提高成绩，而不是教授学习方法。若想扭转这种情况，专注于培养学生的思考和阅读能力，那么教师必须每天要求学生进行思考训练。

最后，谈一谈“学习活动”的含义，此处它意味着所有的小组成员必须参与其中。随时随地进行思考一直被视为评价学生是否具有天赋或资质的唯一标准。大家不妨思考一下，我们是不是经常听到教师重复这个观念直到学生确信自己不具备思考、学习、成功和超越的能力？然而，这个概念具有根本性的缺陷，因为它建立在学生不习惯于思考或教师在教学过程中不重视培养学生的思考能力只要求学生死记硬背这一假设之上。不过，事实则正好相反。教师抱怨学生不爱动脑筋，往往是因为他们没有给出相应的教学指令或让学生误以为自己不具备思考能力（一般通过布置学习任务）。在与“思维透明化”和“思考氛围”项目组的教师合作的十年时间里，我们发现每一所参与研究的学校都存在这样一个现象：一旦思考成为日常教学活动的一部分，教师逐渐尊重学生的想法并对此表现出浓厚的兴趣，那么即便之前学术能力不强的学生也开始绽放光彩。当学校不再过分关注答案的正确性，而是侧重于培养学生的表达、提问和观察能力，这样学生便拥有一个崭新的学习环境。那么，擅长原有学习模式的学生是否会感到不适应？起初可能存在这类问题，不过随着时间的推移，学生就会发现新的学习方法更有价值。

实现“思考氛围”的定义所包含的要求是每位教师努力的方向，从这个角度而言定义本身并不是完美无缺的，仍有改进的空间。即使在比亚力克学院进行了六年的研究，这些目标仍未能完全实现，每一次学校进行人事变动都需要重新回顾。因此不能想当然地以为这是一蹴而就的事情，它需要锲而不舍的努力。这与打造团队精神是一个道理，离不开组员的积极配合和贡献。

为了帮助大家更好地理解这一过程，我们将用三个事例进行说明：第一个是阿姆斯特丹国际学校的丽莎·沃科克老师的案例，第二个是朱莉·兰德沃格参与的一个跨学校研究项目——澳大利亚墨尔本的“伊萨卡项目”，第三个是达拉·科恩带领学生参观纽约现代艺术博物馆后进行的研究。以上每个案例运用的思路都是为实现学生思维透明化所做的尝试，同时还有利于培养学生积极自主的学习和阅读能力，使教师能够真正掌握营造思考氛围的重要方法。通过对这三个案例的研究，我们总结出思考氛围的影响因素并将在后文加以讨论。

为反思创造条件——丽莎·沃科克的案例

2001年，丽莎·沃科克和其他39名来自欧洲各国的教师在位于马萨诸塞州坎布里奇镇的哈佛教育研究生院参加了为期一周的研讨会，专门探讨如何培养学生的理解力。会议期间，教师们阅读并讨论了相关材料，就如何运用“理解教学框架”提高学生的理解力制订了计划。而丽莎作为一名新教师，在制订单元计划上必须有所创新。每天教师一到达研讨会现场，首先就需说明自己对理解力的认知情况。这种以反思开始一天任务的方式十分新颖，不过真正吸引丽莎的是反思的具体方法。会议开始时，每位参与者都收到了一本素描本，要求他们运用视觉隐喻的方式来“阐释”理解力这一概念。与会者在拿到彩色铅笔、水彩、蜡笔和拼贴材料后，必须在半小时内绘制图画来表达自己的观点。此时会议大厅没有一丝喧哗，只能听见优美的古典音乐。

这种将视觉反思和隐喻性思维有机结合的最初探索为丽莎把握理解的真正含义、反思并整合当前的观点和疑惑、进行艺术性思考和创建具有深刻含义的隐喻提供了机会，同时对她本人的学习和教学活动也产生了深远影响。尽管会议要求教师采用非书面形式进行反思，但他们仍可借助文字来说明观点，这往往有助于解释图画的含义，并且不会取代它的作用。由于分析材料不受限制，教师的思维能够自由流动和发散。同时，视觉反思开始和结束的界限并不明确，一般呈非线性状态。研讨会临近结束时，丽莎决定回去后在班上尝试同样的方法开展教学活动。“绘画反思的方法给了我很多启发，不过那些不擅长绘画的同事并不十分热衷。于是，我意识到这个方法对刚入门的学生来说可能存在不少困难。”丽莎说。

回到阿姆斯特丹后，丽莎给每位学生购置了新学年学习的素描本并开始着手准备相关材料。丽莎意识到，每天专门留出绘制反思图的时间有点不切实际，但假若不能坚持定期开展这一活动，那么学生就无法像她一样体会到从艺术视角进行思考的作用。最终她决定每周给学生留出45分钟时间来绘制反思图，“目的是让学生珍惜这段宝贵时间”。

第一次进行绘画反思时，丽莎先向学生介绍了自己的学习经历，并要求学生本学年定期使用这一方法反思自己的学习状况。同时，她也提出了一些基本要求，比如绘画过程中应保持安静，此外，她会放些音乐帮助学生集中注意力。丽莎不希望学生交头接耳的原因在于，如果他们没有相互交流的计划，那么反思就属于个人行为。不过绘制完毕后，她会给学生留出一定时间，愿意分享的学生只需把绘图本打开，这样同学们就可以到处走动欣赏彼此的图画。当时，丽莎选择“友谊”作为学生第一次反思的话题。由于丽莎的工作单位是一所国际学校，每年有多达30%的学生流动率，因此学会如何交朋友对学生来说至关重要。她要求学生思考“什么叫好朋友，为什么朋友如此重要”这一问题，然后把自己的观点画出来。之后，丽莎也加入到学生中，绘制自己眼中的至交好友。

“学生回答得很顺利，”丽莎说，“其中很多学生的母语不是英语，因此我没有强迫他们使用英语表达自己的想法。”丽莎一直在观察学生的行为，她指出“学生喜欢这种轻松的氛围，因为在这里没有对错之分，语言也远没有艺术创作重要。尽管一段时间后，他们总能找到合适的措辞，但是一开始帮助他们构建联系的只是绘画，即使这种联系不包括交谈”。

丽莎每周都坚持绘画反思教学并逐渐观察到学生绘画内容的变化，“一开始，学生习惯于绘制文字图片、人、房屋、汽车等。一旦画得不好，思路就会受阻。一些学生甚至发现，把想法画出来之后就很难再用文字表达出来，因此学生最初的反思过于简单和肤浅。”为了解决这一问题，丽莎不断向学生强调图画是否形象并不重要，因为反思训练的根本目的是要求他们以不同的方式阐释自己的观点。同时，她还表示自己的绘画水平也很一般，有时她仅用线条、符号和颜色来表示自己的想法，这反而解放了她的思想，“我鼓励每名学生都尝试使用抽象事物，以防他们的思维受到文字图像的限制。不过，这对部分学生来说仍然不容易实现，他们有时候甚至会使用相同的颜色和图案。”丽莎说。

为了提高学生的反思能力，丽莎决定在教学中正式引入比喻的概念，即抓住两种不同性质的事物的相似点，用一个事物说明另一个事物。“我会造一个比喻句，例如，有时候我觉得自己的人生像一个旋转木马，然后要求学生思考为什么我会把人生比作旋转木马。”丽莎解释道。之后，她会和学生一起讨论旋转木马的特性——不停旋转、起起伏伏、有灯光和音乐，起初看似有趣但有时却步伐太快，最终让你头晕脑胀不得不停下来等——再把描写旋转木马的文字和生活联系起来。丽莎又继续讲解比喻的含义，“我认为有了视觉隐喻，画图会变得更加容易，因为颜色、纹理、线条、图形和变化等都可以用来阐释艺术家的内心世界。”同时，她也谈到了为什么颜色能够表示一种感觉或情绪，而一个图形却不能直接表示物体，但可以代表某些观点的原因。“今后，我会要求学生尽量画得抽象一些。”丽莎说。

经过多年的训练，学生的反思形式从文字表达逐渐走向抽象描绘，丽莎在推动学生进步的同时也在积极寻求更加自然的教学方法，“我发现随着学生越来越熟悉反思的方法，他们的画也越来越具独创性。一旦每名学生都掌握了绘图方法，也就意味着他们形成了一套自己的看法和画图方式。这样，学生能够真正享受这一过程，并在此基础上不断用文字表达自己的内心世界。”

丽莎基于自己的经历意识到，反思的效果很大程度上依赖于反思的对象。数年前在哈佛那次为期一周的研讨会上，丽莎和其他教师一起阅读、讨论和探究了理解之于教学的意义以及反思是用来总结和巩固所学知识的工具。丽莎意识到，若想让绘画反思真正成为推动学生思考和提高学生理解力的有效方法，就不能只给学生提出要求，然后分发一些画图工具，继而理所当然地认为学生的思维方式会出现重大变化。事实上，这种想法并不现实。她必须认真考虑自己期望学生思考的内容，引导学生充分利用时间来深入研究。于是，丽莎开始寻找将绘画反思融入课堂教学的机会和方法。她首先想到，由于阅读课经常需要研究作品的主旨，因而可以与绘画反思相结合。例如，第六章“句子—短语—单词”的研究案例部分已有相应说明。同时，她还想到，可以通过绘画来研究诗歌所要表达的含义。

丽莎发现，社会课研究的基本问题和核心观点具有讨论价值，能够不断引发学生的反思。研究迁移问题时，她要求学生思考以下问题，“家对你来说意味着什么？你有怎样的感觉？你最为珍惜什么？”课程进行到一半，她给学生发了很多关于强制迁徙和难民困境的阅读材料，让他们分析研究。课程临近结束时，学生又拿到一组用以巩固所学知识的反思题：“本单元你学到的最重要的知识点是什么？你还记得哪些重要内容？”（见图7.1）。

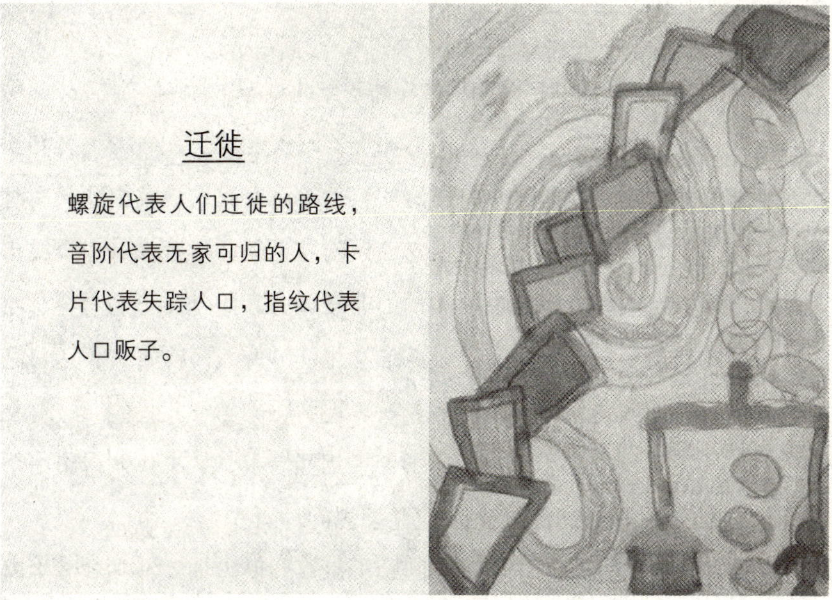

图7.1　学生对移民的绘画反思

第一年对绘画反思的教学尝试取得了重大进展，学生在参与的过程中提高了自己的思考能力，绘画反思逐渐成为每周最重要也是学生最期待的课程内容之一。“假如因为特殊情况（例如运动会）没能完成任务，学生会主动申请补课，而通常我们也是这么做的。”丽莎说，同时，她也注意到相互借鉴对提高学生的反思和比喻能力的作用。“每次上课学生都会四处走动观察其他人的图画和对应的文字解释，然后相互提问并指出他们欣赏或感兴趣的部分。正是因为这样，学生才有了围绕话题展开充分联想的自信心，能够自觉联系生活并阐述自己的感受、信仰和价值观，”丽莎说道，“随着学生越来越熟悉这一教学方法，每周他们对画作的文字解释也随之丰富起来，有时他们甚至分享一些轻易不会提及的秘密。不过，我要求学生遵守约定，只在课堂上交流，课下绝不谈论他人的隐私。学生发现，多视角分析同一话题或主题十分有趣，而且他们的自信心也不断得到提高并逐渐开始重视自己的观点。”

此外，丽莎也认识到自己的榜样作用对学生反思的影响，她指出：“反思时最重要的就是诚实以待。我通常闭上双眼安静地坐在一旁，直到我真正理解材料内容并构思好全篇布局才会动笔。有时布满整幅图，有时则选在特殊的角度。我鼓励学生要学会冒险和创新。尽管我以一个成年人的角度来看待问题，但我在学生面前非常诚实，而且反思的内容总与课堂学习的材料有着密切联系。我相信学生能够像我一样真实表达自己的内心世界，即使这份诚实意味着要有表现脆弱的勇气。我们通过对反思的讨论拓展了自己的思维空间，学会了相互借鉴，从中我们得出一个启示：学会停下忙碌的脚步，留给自己反思的时间。”

学期结束时，丽莎和学生一起回顾了每周的反思训练，许多学生表示，放假在家他们也会继续使用这一方法，大部分学生认为绘画反思对提高理解和学习能力有促进作用。学生丹尼亚拉评论道：“一般在反思的时候，我不做任何刻意要求，只让画笔随着思路流动，想到哪儿我便画到哪儿。”其他几名学生也纷纷承认自由思考和绘画反思能够促进他们思考，亨妮指出：“通常我不能深入思考或彻底理解某一问题，不过一旦开始画图，情况就变得截然不同。我边写边画，充分调动自己思考的积极性。”亚历克斯也表示赞成：“通过画图，我可以得到更深层次的理解并建立更为丰富的联系，然后再把它画出来，这样就形成了一个良性循环。”

莱奥尔·日米格鲁德是一名母语非英语的学生，她讲述了绘画对她表达观点的帮助：“在我看来，把想法画出来远比用文字表达出来简单得多。同时，通过观察一幅幅画，我能分清自己已掌握的知识和刚刚学到的内容。”另外，她还把英语对自己理解和表达观点的阻碍作用形象地画了出来，其中“砖墙”代表英语（见图7.2）。

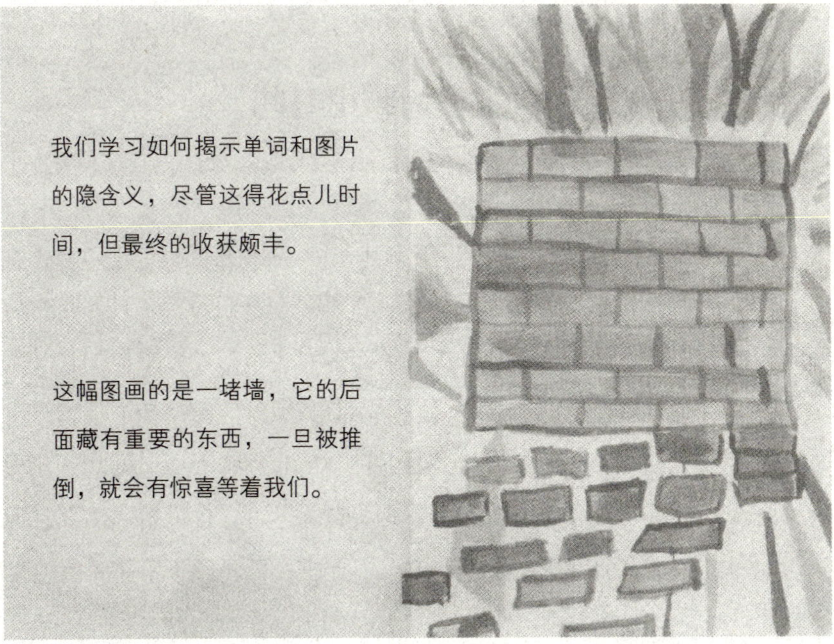

图7.2　莱奥尔画的“砖墙”

一路走来，丽莎逐渐意识到绘画反思对她和学生的真正意义，“这段时光对我和学生来说具有特别的含义，我们十分享受这一过程：轻柔的音乐伴随着有趣的材料。我们忙里偷闲，辗转于不同的教室之间。反思要求我们展示真实的自我——那部分我们习惯隐藏的自我，正是这真实的自我让我们紧紧相连、彼此尊重和相互理解。这里不存在竞争，没有对错之分，更没有分数高低，因而我们完全平等”。同时，丽莎认为每年花费在培养学生绘画反思上的时间有助于他们思考能力的提高，“无论观点如何不同，学生都能够认真倾听并试图理解，这为营造一个良好的思考氛围奠定了基础。假如我们能做到这一点，就能实现真正意义上的合作性思考和学习。每年我都围绕一条主线进行教学，即‘为什么合作思考比独立思考效率高？’学会回答这一问题通常需要几个月的时间，但最后总能给我一个满意的答复——合作思考让我快乐。”

为自主学习腾出时间
——朱莉·兰德沃格的案例

早晨7点，正值寒冬腊月，外面天色阴沉，澳大利亚的学年已经过去了一半。炉子上煮着咖啡，羊角面包散发着阵阵诱人的香味，如同教师之间的气氛一样温馨。从本城各地赶来的教师热烈地讨论着，相互交流过去一个月的新闻。自上一次会议之后，很多别校的老师私下都没有再碰过面，现在总算又有机会相互交谈了。一日之计在于晨，因此充分利用这段时间是我们教师小组旗开得胜的关键。这时，各位教师还没有因一天中的诸多要事而缠身，不过他们已下定决心暂时放下手头紧急的事情，共同探讨值得关注的大事。

今年是“伊萨卡项目”启动的第六年，该项目由来自墨尔本地区八所不同学校的关注教学法、课程设置和教学评价的教师自由参与，项目的中心议题是学术品格。尽管并不是所有参与“早餐计划”的教师都能保证不缺席“伊萨卡项目”，但是他们制订了一套共同的理解和行为标准。最重要的是，出席会议的教师全都认可有效教学没有捷径可走这一点，因为教学无止境。

现在是7点30分，每个人都找到自己所在的小组，手中捧着咖啡或茶杯思考。作为负责人，朱莉·兰德沃格不必再做出说明、留出准备时间或发出警告，因为这已经是召开的第四次小组会议了。现在大家都对会议形式了然于心，活动也进行得很顺利。教师以六人一组讨论本月的阅读材料“好人如何堕落”中的观点，这是对斯坦福监狱实验的设计者、心理学家菲利普·津巴多的一篇采访。每个小组都包含六名教师且每次会议人数固定，同时每个人（包括朱莉）一年内需参与两个讨论小组。第一组名为“座谈会”，关注的是核心观点，而第二组讨论得更多的是与学校有关的话题，今年的主题是形成性评价的材料阅读和经验分享。

由于各小组人数一致，因而这意味着维系小组情感的是组员的责任感，每个小组需分别从教师、管理员、数学家、艺术家等不同职业角度出发考察问题，这样一来，一个人的缺席势必引人注目并且严重影响小组视角探索的完整性。这种紧密联系绝非偶然，而是朱莉有意为之，她表示：“我的目的在于以讨论小组为基础形成一个智囊团协同工作，搭建一个朋友圈帮助组员拓展交际网，并仿照论坛形式不断探索、讨论新思维。不过，这一切都建立在成员的合作共识之上。”朱莉相信，这有助于培养教师的责任意识和归属感，包括如何分配学校与小组任务以及应对临时会议和突发状况。因而，她最初就将意图准确无误地传达给了每位与会成员，希望他们能够意识到团队精神和持之以恒之于项目的重要意义，正如她在邀请函中写的那样，“假如您总需提前15分钟离开或无法保证每次出席会议，那么请您不要随便做出承诺”。

7点45分，正如教师和负责人期望的那样，小组讨论开展得十分顺利。讨论中常常伴随着打字声，而记录工作采用轮流制。对教师的行为和交谈起指导作用的是各种思路，而“座谈会”涉及的思路则是4C法（参见第五章），这要求教师能够识别相互联系、核心概念、挑战或辩论的论据以及通过阅读出现的行为变化。这一思路为教师提供了讨论已知话题的一般模式和切入点。为确保讨论过程涵盖“4C法”的每个方面，各小组需要选出一个发言人（仍采用轮流制）。

今天的话题涉及伊拉克阿布格莱布监狱的警卫，主要针对警卫队的整体行为、规范和竞争展开讨论。以上分析讨论同样适用于学校生活，譬如学生总能感觉到来自同龄人的无形压力，而教师也必须遵守学校的规章制度。讨论的核心概念包括文化、期望、价值观和互动等。在这一过程中，教师需要探究实现个人价值所面临的挑战以及自己教学方法的变化。正如一位教师说的那样：“假如没有价值评价的标准，那么我们就无法发现学生最优秀的一面。学校总是过度关注如何统一学生的行为，而不是教授学生应对危机和困难的方法。”另一位老师则提出：“作为教师，我们的身份通常由工作性质决定，而行为也深受影响。有时，我们会坦然接受大多数人推崇的处事方法，就像我们会很快模仿小组其他成员的行为一样。”

这场生动、具有深刻影响的讨论持续了30分钟，远比阅读的收获要大。经过多次训练，每个小组都已形成了一套阅读和讨论、交流观点的具体方法。因而，组员最后联想到文化建设也不足为奇，尽管阅读材料并没有强调这一概念。小组讨论一般会涉及已掌握知识和将要研究的内容。在之前的几次会议中，有些教师甚至提到了朱里安·萨夫列斯库的著作《让人类更加强壮、聪慧和完善》（*Stronger, Smarter, Nicer Humans*）

以及马特·里德利的著作《人之为人》(*What Makes Us Human*)。显而易见，这些作品与学校生活并无直接关联，但和其他重要观点一样具有让人诧异、兴奋的作用，能够激励教师不断探索和挑战。

现在是8点整，又到了茶歇时间，教师可以再喝一杯咖啡，吃一块羊角面包，顺便休息一会儿。之后，教师便开始更换座位，准备进入第二次小组讨论。玛丽和安吉拉则走上前来，以“在我们学校，教师……”作为开场白开始演讲，今天恰巧轮到她们分享学校发生的故事。短短10分钟，她们围绕学校开展的“形成性评价”项目和业务学习培训进行阐述并指出成功之处以及需要面临的挑战。演讲结束后，两位教师诚恳、坦率地邀请他人进行评价。因为在她们看来，这既不是“表演秀”又不是“独角戏”，而是教师交流看法、相互借鉴、讲述失败和成功经历的平台。于是，其他教师纷纷表达了自己的看法，不过多以建议和含蓄的口吻阐述，并没有谈及自己的工作经历，例如“你可以尝试……”“我认为……”“我怀疑如果……”也只有这样，才能真正体现讨论的价值和作用。今后，他们在与同事交流困难和失败的经历时就会变得更加轻松，因为讨论的过程中并不存在评价，只是一个良好的学习机会。在过去的一年时间里，参与“伊萨卡项目”的八所学校的教师轮流负责做演讲，他们将会议材料和学校生活结合起来进行分析，实现了理论和实践的完美结合。

现在是8点15分，上午的第二次讨论开始了。讨论形式与第一次基本相同：固定的小组成员、轮流充当主持人和记录员、提前准备好的阅读材料、采用某一思路指导讨论，不过这次思路换成了“联系—拓展—挑战(CEC)”。今天的讨论话题为“反馈的性质”，教师可以从苏珊·布鲁克哈特撰写的实践性文章《适宜的反馈》(*Feedback That Fits*)、美国卡罗尔·德韦克教授的心理学文章《承诺与赞赏的危害》(*The Promise and Perils of Praise*)、美国学者卡罗·安·汤姆林森的《差异教学的目标》(*The*

Goals of Differentiation）中任选一篇。这样一来，同一小组的教师不必选择同样的文章进行分析，有利于他们联想、比较和进一步提问。主持人负责根据“联系—拓展—挑战”的步骤推进讨论，要求小组成员将研究发现与日常教学案例联系起来，而不能只简单地回答“我是这么做的……”

于是，教师们开始畅所欲言。阅读布鲁克哈特文章的教师承认，通常他们给予学生的评价和反馈只是对说话内容进行简单总结并不能促进学生学习，而那些阅读德韦克教授文章的教师则联系所教的学生并指出通常他们都属于渐进式学习者，“通过观察学生对困难的不同反应，你能清楚地认识到这一点，那些认为智力由遗传因素决定的学生很快就会顶不住压力，承认自己先天不足”。澳大利亚墨尔本文法中学的历史组组长艾伦·布利斯运用布鲁克哈特的文章分析高中教师在培训学生参加维多利亚州教育证书（VCE）考试时所需面临的升学压力，她表示：“通过研究，我们能够从中吸取经验，学会如何做出有针对性的评价。”

之后，各小组的主持人逐渐将讨论主题引向如何拓展思维上，一个有趣的现象随之产生。墨尔本卫理会女子学校（MLC）的数学组组长琳达·夏德洛老师开始讨论意识和观察对教学的作用。很快，其他教师也参与其中。“为了做出有价值的评价，教师必须首先学会如何观察，而且在做任何事前都得深思熟虑，”艾伦老师补充道，“同时学生也需要提升对自己的认识，相信智力的可塑性。”瓦里克·韦恩是MLC学校的教学主管，他指出，学生在完成学习报告的过程中会面临不少挑战，“学习报告如何才能达到教师的期望值？假如教师能够让学生朝自己希望的方向发展，同时引导学生反思自己的学习内容，那么长此以往学生的进步将非常明显”。

以上三篇文章不仅为教师提供了有价值的讨论材料，而且有利于理论与课堂教学实践的有机结合。为实现这一目标，必须满足两个条件：

一是确保讨论的生动性，二是确保讨论过程的秩序性。“联系—拓展—挑战（CEC）”这一思路恰恰可以满足这两点，它在保证会议秩序的同时给予教师充分讨论的自由。此外，“联系—拓展—挑战”能够引导教师发现研究重点，尽管思想有时会在边缘徘徊，但是总能找到前进的方向。这样，不论是在个人演讲还是小组讨论时，教师的心中都有明确的指向性。

8点45分，把与会教师全部召集在一起，让他们简要说明对下次会议的期望和关注点。然后留出十分钟时间，让各个学校的教师分别聚集起来交流个人看法，分析上午的讨论对他们具体教学思路的启发和挑战。不过，很多教师选择在开车返回或走回学校的路上以及未来几周召开的行政和部门会议上继续讨论。上午9点左右，所有教师都离开了会议场地，返回各自所在的学校开始上课。在这短暂的90分钟里我们完成了许多任务，因而感到既疲惫又兴奋。一般而言，业务学习课程对教师行为和贡献的期望值远比学生要低，但“早餐计划”则截然不同，因为该计划重视教师的学习和思考过程，同时，各小组提供的信息以及成员间的专业讨论能够得到认可。

MLC学校视觉艺术专业的教学主任阿尔玛·图克也承认了这一点，他说：“遗憾的是在校期间我们没有研究时间，繁杂的事务让我们焦头烂额，却无法为教学提供任何帮助。我希望这个小组讨论计划能够持续下去，因为我热爱教育这项事业，而该项目是我们进行教学实践、提高教学能力的唯一机会。”维斯特伯恩文法学校的六年级教师凯特·莱斯表示赞成阿尔玛的观点，因为她重视这种机会，从而停止思考、反思和讨论那些既能影响她的日常生活又对她的处事方法和原则提出挑战的观点。凯特承认尽管“早餐计划”的讨论内容时常让她迷惑，但同时也迫使她思考个人教学实践乃至学校教育中需要保留或丢弃的观念、方法等。

作为发起人（严格来说并不是负责人），朱莉对其他教师的回应显得十分开心。“早餐计划”可谓一次冒险的尝试，她希望营造一个专业的学习环境而她不必总是充当主角，她指出：“这个计划的核心是若想把学校打造成为学生思维的策源地，那么首先应当为教师思考问题提供可能——这是罗恩·理查德一直强调的观念。该计划的目的是通过联系现阶段最重要的教育问题支持学校开展具有建设性的对话，让不同学校的教师交流教学反馈存在的差异性，同时阅读、思考并讨论社会热点话题。不过，我们必须注意一个实际问题，毕竟90分钟的会议时间相当紧迫。各个环节只能挑选当今教育的核心问题‘浅尝辄止’，例如某些理论、应用实践和宏伟目标等。”为了表达自己对“早餐计划”的期望，朱莉甚至以《吹梦巨人》（*Big Friendly Giant*）来给它命名，简称BFG网络。《吹梦巨人》是英国杰出儿童文学作家罗尔德·达尔的作品，它讲述的是一个巨人每天晚上来到小朋友的窗前，把美丽的梦用小号吹进孩子头脑中的故事。尽管朱莉不是在兜售梦想，但她承认实现计划目标离不开新颖的观点和专业讨论，而只需简单引导，就能将讨论计划真正融入教学和学校生活之中。

形象化讨论——达拉·科恩的案例

54号大街车鸣阵阵，闹市的车流中只见一辆醒目的黄色校车终于拐向第六大道，然后停在了位于曼哈顿中心的纽约现代艺术博物馆（MoMA）旁。一群七、八年级的学生蹦蹦跳跳地从校车上下来，朝人行道走去。今天不用去学校，学生们十分兴奋，七嘴八舌地讨论个不停，看得出来，他们十分珍惜这次机会，达拉·科恩意识到通常教师和学生都很重视参观博物馆。学生一走进博物馆，感觉新奇不已。对部分学生来说，这是第一次可能也是唯一一次参观纽约现代艺术博物馆的机会，这种经历对像达拉这样的教师来说既是一次教学尝试又是一种挑战。一方面，通过观察，她能掌握学生的兴趣、兴奋点和期望；可另一方面，根据以往经验，参观艺术墙或大型展览对一位艺术爱好者的教育意义十分有限。此外，学校或班级组织的博物馆参观，就像每年数以百万计的游客一样，停留时间相当短暂。那么达拉该如何处理有限的参观时间和丰富的馆藏品这一对矛盾，进而更好地组织学生参观游览呢？答案是：确定参观讨论的主题，合理安排参观时间，获取更多知识。

"今天的参观主题是'身份'——艺术家如何看待自己或他人的身份。你们将观察四幅作品，然后根据已掌握的知识和今天学习到的方法制作自己的版画。"说完后，达拉又给了学生一些建议和提示。这类交流一般发生在授课老师和一群青少年之间，有时还会涉及学生在英语课上阅读过的成长纪实类小说。另外，达拉在向学生讲解版画时借鉴了绘画方面的专业知识，这属于跨学科教学项目的一部分。该项目创造性地将艺术与社会经济学知识结合起来，从而推进学校的艺术教育。

达拉为学生量身定制了一条博物馆游览路线，并明确提出了她对学生的期望和此次参观的具体目标。作为此次参观的主导者，学生若想更好地掌握知识必须主动思考，也只有这样才能调动自己讨论的积极性。讨论内容包括：达拉和学生之间以及学生彼此之间的对话、关于艺术作品的讨论和自我分析等。"你认为身份意味着什么？"这是达拉的第一个问题，紧着她又问道，"你如何定义自己？"一位身穿绿色T恤的女孩儿勇敢地说出了答案，从而打破了尴尬的沉默。学生对于自我的定义有助于达拉了解他们的思维过程，而她提出的下一个问题是："你认为自我定义包含哪些主要特征？"

由于问题没有固定答案，因此24名学生变得更加活跃并大声说出自我定义涉及的内容：性格、修养、外表、风格、品格、环境、语言、信仰和理想等。达拉用红笔在自带的表格内标记出每一条答案，这是捕捉学生反应和强调重要观点的一个简单却有效的方法。开始参观之前，她一直把表格握在手里并告诉学生："参观完毕请大家回到这里，到时我们再补充、探讨其他信息。"达拉要求学生抓紧时间就位，因为博物馆马上开馆，画廊会涌入很多游客。同时，她还提醒学生参观时不要靠在墙壁上（因为墙皮容易脱落）。很快，学生便自动解散，然后乘电动扶梯去四楼欣赏中世纪的绘画和雕像。

由于"身份"是此次参观的主题，因此达拉不得不思考如何做出取舍：透过哪些展品学生能够更好地理解身份的含义，区分艺术家对身份概念的不同表达手法？然而，纽约现代艺术博物馆馆藏丰富，这令达拉备感为难：哪些作品最能反映青少年的心声？哪些易于接受却信息丰富，能够引起学生的兴趣并激发他们讨论的积极性？如何安排观察顺序才能不断引发讨论？（注：读者若想了解本文提到的艺术品可登录纽约现代艺术博物馆的网站搜索艺术家的名字或作品名称，网址：www.moma.org）最后，达拉认为比较美国艺术家詹姆斯·罗森奎斯特创作的《玛丽莲·梦露》（*Marilyn Monroe*）与一墙之隔的美国艺术家安迪·维奥的版画《金色玛丽莲·梦露》（*Gold Marilyn Monroe*）是一个上佳之选。首先，她让不断涌来的学生坐在两幅画之间的空地上，然后，要求学生思考这两幅画之间的差异以及表达手法的不同。学生分析了维奥用复制手法创作的梦露的每一幅肖像图，并将它与罗森奎斯特画作中梦露面部的波普[①]创作风格进行比较。学生在评论作品差异时指出："罗森奎斯特的作品更强调对嘴唇的描绘，而维奥更注重眼睛。"之后，达拉引导学生将关注点放在罗森

① 波普风格又称流行风格，它代表着20世纪60年代工业设计追求形式上的异化及娱乐化的表现主义倾向。从设计上来说，波普风格并不是一种单纯的一致性的风格，而是多种风格的混杂。它追求大众化的、通俗的趣味，反对现代主义自命不凡的清高。在设计中强调新奇与奇特，并大胆采用艳俗的色彩，给人眼前一亮耳目一新的感觉。

奎斯特这幅作品的文字说明上，学生随即展开对名人、商标和流行事物的讨论，其中一名学生说道："可口可乐气泡多、容易膨胀，我认为这和梦露的性格相近。"最后，达拉还要求学生在参观结束后谈一谈对版画的认识并制作自己的版画。

学生对两幅作品的讨论一共持续了15分钟，算是在博物馆内时间较长的一次交流。然而，达拉知道思考需要时间，假如思考时间不足，那么学生获得的知识也就十分有限。学生只有在不断提出假设、分析视角、验证理论的基础上，才能对作品产生新的理解。即使是缺乏系统规划的博物馆之行，也需要互动和回顾时间。达拉熟谙这一点，于是她决定只带学生观察几幅作品，然后就让学生相互讨论并联系已掌握的知识。即使这样，她依旧感觉时间紧迫。因此，对达拉来说，确保学生在回答和讨论之前有充足的观察时间是一个不小的挑战。学生观察作品时的沉默、可能出现的纪律问题和争吵往往令许多教师不知所措，除此之外，其他需要观察和讨论的作品也让教师备感压力。

由于时间有限，达拉要求学生抓紧到五层的19世纪晚期至20世纪早期的画作和雕塑展馆集合，这一层免费为游客提供折叠凳。学生把凳子打开后便纷纷坐在《镜前少女》(*Girl Before a Mirror*)这幅作品的前面，它是毕加索于1932年创作的一幅堪称现代艺术瑰宝的经典之作。达拉则站在一旁遮住文字解释并询问学生："从这幅画你们能猜到什么？"其中一名学生的答案是："一位少女正在照镜子。"然后，达拉又问了一个看似简单的问题："你们还能观察到什么？"这需要学生仔细观察并思考，因为实质上它相当具有迷惑性。以下是达拉和部分学生的讨论：

学生：少女的脸以二维画面呈现，这意味着我们的性格具有两面性。

达拉：那么，你在观察哪一面？(由学生负责指明。)

达拉：还有人想要说明自己的观点吗？

学生：也许她正在观察镜中的自己。

达拉：既然你这么想，那么我们不妨谈谈两者有什么不同。

学生：一侧亮一侧暗。

达拉：还有呢？

学生：少女的两张脸看起来就像白天与黑夜，浅的那侧有阳光普照。

学生：我认为其中一侧更为抽象。

达拉：抽象？你为什么这样认为？能够解释一下吗？

学生：暗的那一侧包含了更多的几何图形。

达拉的提问由最初的要求学生做出分析解释逐步扩展到论据和细节证明上，这相当于“观察—思考—怀疑”的变体，通常被她用来指导学生观察艺术作品。该思路重点考察学生在没有导游讲解的情况下分析和解释事物的能力，这恰恰与博物馆内进行的教学活动相悖。在这种情况下，达拉需要弄清自己的教学目的：究竟是期望学生学习与画作有关知识，还是通过分析、比较画作从而学会思考？事实上，她的根本目的旨在引导学生从艺术作品中寻找表现“身份”这一问题所采用的手法和技巧，这有助于学生在参观结束后仿照所学的表现手法制作自己的版画。

随着讨论的逐步深入，学生们提出少女在观察自己内心世界的过程中发现了自己不为他人所知的另一面这一观点，“也许她认为自己不是一个好人或者曾经犯过错误”。当达拉问学生“你为什么这样认为”时，他们再次提到了《镜前少女》中色调昏暗的那一侧，因为他们认为从这个角度来看少女的表情并不友善，神色相当阴郁。离开前，达拉把那张对折后放入包中的表格取了出来，要求学生说说现在较之过去对“身份”看法的变化。她将表格展开后，问道：“你认为身份所包含的特征中哪些属于内在的，而哪些属于外在的？”学生在观察了表格之后发现他们之前提出的大多属于外在特征（除了信仰），于是很快联想到更多内容，包括感受、情绪、自我感觉、梦想和自尊等。达拉再次将学生的答案记录下来，通过定期记录并展示学生的观点，达拉将博物馆之行变成了一个移动课堂。

在观察了这几幅具有代表性的作品后，达拉陪学生走下楼梯到达当代艺术展区鉴赏莫娜·哈透姆的作品《加减》（*+ and −*）。学生聚集在一个四米宽的大沙坑旁，沙坑周围由一个铝环固定，锯齿状的金属臂恰好形成了几个沙坑凹槽，几秒后就会被另一只活动的金属臂上平滑的臂面填平。学生一见到这个雕塑就被它深深吸引了，但同时又对它所要表达的含义感到十分困惑。达拉只向学生简单地介绍了这位艺术家的生平（并不涉及作品本身）：哈透姆出生于黎巴嫩，是一位巴勒斯坦裔的英国艺术家。紧接着，她要求学生以三人或四人一组讨论这幅雕塑如何表现身份问题。学生们小声谈论着自己的观点，包括生与死、从零开始、建立和毁灭、新旧行为模式、社会发展与传统遗失、变化中的恒定等。最初学生尚未进入状态，但此时他们对艺术作品和身份都有了较为详细深刻的认识，讨论渐入佳境。此外，达拉在参观过程中有意强调讨论形式，从全班讨论到两人或多人一组。会话细化的概念有助于引导学生多维度地深入思考此次博物馆之行，不能仅把它看作一次简单的游览。

从学生离开那辆黄色校车走到54号大街已经过去了90分钟。学生对身份探究仍在继续，但是参观时间已经结束了，于是达拉带领学生乘坐电梯前往博物馆的地下教室。学生鱼贯而入，很快就找好座位，达拉则站在教室前方。她再次将用红色记号笔记录的表格取出，贴在白板上。很快，她就将学生用自己的语言表述的观点和在各个陈列馆讨论的内容依次推翻了。最后结语时，她补充道："身份包含多个方面的内容，因为我们每个人都是复杂多变的。艺术作品无法'容纳百川'，包含身份的方方面面；艺术家在创作时一般会挑选趣味性强、对个人具有启示作用的内容。你开始制作版画前，不妨先问问自己：你本人的身份特征中哪些属于外在的，哪些属于内在的，你最重视哪一部分？”

氛围的影响因素

尽管人们往往认为氛围是一个宏观概念，但是事实上我们生活的环境通常由各个微观因子构成。微观气氛一般产生于不同的小组环境之中，涉及各方面因素。本章所讲述的这三个案例为我们呈现了教学环境的多样性：从多年来的传统教学模式到每月召开的教师会议和一次博物馆的体验之旅。每个案例都阐明了一个道理，那就是小组气氛是一个动态变化的过程。气氛从本质上看似乎变化多端，然而分析后得知它包含许多可辨识的因素：期望、机会、时间、模型、语言、环境、互动和思路。这些因素有利于营造一个良好的思考氛围，同时有助于学生通过借助思路等实现思维透明化的具体方法，理解教学语境。

期望

教师在营造课堂思考氛围的过程中，应提出教学期望以及适用的思考类型。在丽莎的案例中，确定反思教学的目的是确保绘画不至于对学生的理解力产生负面影响的关键。丽莎一直秉持这一教学目的，而达拉在带领中学生参观MoMA博物馆时说过：“今天的参观主题是‘身份’。”同样的，朱莉也将活动期望写在“早餐计划”的邀请函中，既包括行为准则——不要早退或缺席，又重点强调项目的开放性以及倾听和提问的必要性。

期望一般指小组目标，要求学生在概括学习本质的同时注意思考方法。通常情况下，教学关注行为期望或课程任务的完成情况。尽管就课堂秩序而言，这种期望并不能促进真正学习过程的产生。由教学指令起主导作用的案例中，学生往往选择服从或采用消极的学习态度。学习必须有重点，学生也需要接受指导。假如达拉只通知学生参观博物馆并讨论版画的创作手法这件事，那么学生对此就不抱任何期待。同样，丽莎不是简单要求学生回顾他们所学过或阅读过的知识，而是希望他们学会建立联系、综合思考问题，从而提高自己的反思能力。

机会

如果说期望能够提供思考重点并指导思考，那么机会就是实现这些期望的途径，本章涉及的这三个案例中随处可见教师为创造思考机会所做出的努力。丽莎选择具有思考价值的内容从而培养、拓展学生对迁移问题的理解，朱莉精心挑选的阅读材料发人深思、可读性强，达拉为寻找能够反映“身份”不同方面的艺术作品绞尽脑汁。内容选择一直是本书强调的重点之一，同时它也为创造思考机会奠定了基础。分析材料越丰富，学生学习和思考的兴趣就越强烈，同时越能激励学生不断进步。

然而，机会并不只意味着内容选择。一个好的思考机会有助于加强师生互动，因此必须学会如何应用材料。不论达拉选择的艺术作品多么引人入胜，假如她直接给学生展示、讲解作品，那么就无法提供一个良好的思维契机。达拉要求学生累积经验、不断尝试，联系自己对身份的看法，寻找创作技巧和方法并将它们运用到版画制作中去，这都属于她为创造一个完整契机所做的努力。同样，尽管朱莉挑选的阅读材料内容丰富，但是真正使“早餐计划”跃然纸上的则是教师之间的讨论和联想。

时间

充足的思考时间是创造机会的根源之所在，无论是上课、参与研讨会、参观博物馆或参与其他形式的学习，总需要充足的思考时间。常常由于受时间限制，教师和组织者所期待的视野拓展、联系和理解能力提升的现象便不会出现。时间对以上三个案例的影响显而易见，丽莎基于自己的学习经验总结出反思有助于加深个人理解这一观点，因而希望为学生创造反思机会。通过一学年的教学活动，她深刻体会到了时间对提高学生隐喻性和反思性思维的意义。达拉带领学生参观博物馆时，从多达十五万幅的展品中只挑选了其中四幅，因为她深知假若期望学生能够深入理解而不是简单游览，必须为他们准备充足的分析和讨论时间，从中获得深刻的见解。

时间可谓教学中最缺乏的因素之一，同时也是造成教师紧张的一个主要原因，“早餐计划”清楚地体现了这一点。如何充分利用这90分钟为小组的每位教师提供一次教学体验？朱莉的计划初步实现了这一目标。通过运用不同的思路组织讨论，实现了小组讨论的自主性和高效性，同时有效地节省了时间。朱莉在寻求效率的同时，并没有放弃对教师思考能力的训练，她始终为提高教师参与度和思考能力创造机会，因而她不会误入歧途，只顾传授知识却不留出思考时间。很多教师都将速度看作有效教学的标准：我们能否加快教学从而讲解更多知识点？以知识覆盖面论英雄是那些将教（或展示）置于学之上的教师常犯的错误，可是却长期被教育领域广泛采纳。同时，由于教师和学生的默许，打着完成教学大纲的旗号开展短期和浅层学习愈演愈烈。然而，若想真正提高理解力和洞察力，必须准备充足的思考时间。

模型

教学过程离不开教学模型的指导，从而有利于学生完成某一过程、步骤和任务。尽管教学模型在教学中占有一席之地，但是它并不能决定教学氛围。不过，在教学模型的引导下，学习氛围会变得更加浓厚且与教学实践紧密联系。在这种情况下，教师应该和学生一起学习、思考，一切从学生的角度出发考虑问题。学生能够判断教师是否对话题和观点有兴趣、是否把自己看作一名真正的学习者、是否深思熟虑且谨慎小心，等等。丽莎和学生一起训练绘画反思时，她想传达的信息是既然反思令她收获良多，那么同样适用于学生。想象一下丽莎坐在教室后排批改作业的情景，和现在会有多大的差别！同样，朱莉也没有选择唱“独角戏”而是融入小组之中，与其他教师探讨自己感兴趣的话题；达拉对艺术的热情和喜爱则体现在与学生的交流过程中。维果斯基认为，学生的发展与周围的智力环境密切相关，这一观点抓住了模型的重要性和作用。模型不仅意味着寻找实验方法，而且意味着个人的变化。

语言

通过语言，教师能够阐述、注意并强调在任何语境下都十分重要的想法和观点，从而引导学生在学习的过程中关注理论和实践。维果斯基重视社会语境下学习的开展，他写道：“婴儿最初通过眼睛和语言开始感知世界。之后，感知的方法不仅包含观察，而且包括文字表达。”语言对经验能够起到协调、规定、阐述和巩固作用。丽莎的学生在谈论自己的想法、反思学习内容时也离不开语言——以联系和比喻实现讨论目的。经过不断强调，最终这种类型的思考成为她课堂上的考察对象。

此外，语言还会令我们的思维更加微妙。朱莉注意到，参与“早餐计划”的教师在相互交流的过程中习惯使用条件句，相较于单一视角的肯定语气，条件句意味着对多种可能、选择和视角的认可。不妨比较一下“你应该做的是……”和“你可以考虑……”这两句话的差异。绝对化表达来源于权威观点，往往容易让人怀疑自己的想法和经验，而条件语气则意味着可以联系自身经验并接纳各种可能性。一般而言，仅凭文字案例很难同时理解语言的作用和差异，但是介绍学习方法的书籍通常又不涉及对话交流。

环境

想象这样的一个场景：独自一人参观一所空荡荡的学校，穿过大厅走进教室后你能学到、想到多少知识？通过教室的设计你能发现教师对学生的期望吗？讲台放置在哪里，这能说明什么问题？墙壁上有什么，谁把它贴在那儿的？墙壁上是否展示着已评过分的单元作业或一张混乱的思路发散表格，还是两者都有？那么一间墙壁没有任何装饰的教室又能说明什么？

学习空间是影响学习氛围的另一个重要因素。人类为满足自我需求不断营造并重建生活环境，那么学生究竟需要怎样的学习环境呢？一般而言，学生有和他人交流、讨论、分享、辩论等需要。朱莉组织的“早餐计划”完全由小组互动和讨论构成，会议室内放有六张桌子，这是朱莉和一位同事7点半前布置的，确保为每个小组分配一张大型会议桌。为方便每个小组的学生边思考边交流，丽莎的课堂使用的是可坐四至六人的活动会议桌；达拉对座位的安排更加不固定，例如采用折叠凳、站立或席地而坐。无论形式如何，其根本目的是方便各小组交流讨论。

此外，学习记录也能使学习者受益，因为它有利于个人和小组查询之前的观点、承认变化、建立联系并提出问题，案例中的三位教师都采用了一定的记录形式。“早餐计划”的每个小组都有一位专门记录员负责记录观点并上传到维基网页上，方便每名成员随时查看和评论；达拉带领学生参观博物馆时没有合适的记录位置，于是便随身携带了一支红色记号笔和一张表格；而丽莎采用的是传统授课方式，因而学生能够在教室里随处张贴答案，这尤其适合学习诗歌和移民、人权等话题。同时，绘画反思本记录了学生的整个思维过程，他们可以随时拿来翻阅回顾。

互动

尽管我们能够在教室这一实体环境中学到很多知识，但只有师生互动才是表现教学氛围的最好途径。本书第二章，我们讨论过倾听和提问的重要意义。这两种方法充分体现了教师对学生思想的尊重和兴趣，为对协作具有决定意义的积极互动奠定基础，反过来有利于思考氛围的营造。理解得益于倾听、借鉴、评价、联系他人的观点，相互交流思想以及分析论证。在这种社会语境下，理解和创新精神得以蓬勃发展；而反过来，理解和创新精神的增强又离不开小组互动。一般而言，技能的提高并不完全依靠个人努力，需要经常借鉴他人的观点。

构建积极、有效的师生互动是一个复杂的过程。例如，教师通常会问自己“怎样帮助学生相互倾听”，这也是重视互动的一个表现。尽管三个案例呈现的互动关系有待完善，但是依旧存在值得借鉴之处。首先，案例中的所有教师或组织者本身都是值得学习的典范，他们充分表现出对学习的尊重和兴趣。假如教师对学习兴致不足，那么就很难调动学生的积极性。其次，不论何种形式的积极互动均存在研究重心，需要确保小组的成员（可以为两人一组）都能够围绕中心深入探究具有讨论价值的内容、观点或话题等。大卫·霍金斯在《我、你和它》这篇学术论文中指出了教师、学生和内容三者之间的关系。这一关系一直是三个案例的中心议题，为什么它如此重要呢？因为互动不仅需要在友好得体、相互尊重的环境中展开，而且应当能够促进个人和小组的学习（不能只关注秩序或礼貌）。达拉组织的90分钟的博物馆之行很好地体现了这一点，因为学生必须围绕“身份”这一主题展开讨论。最后，为强化基于阅读材料而开展的交流互动，教师不妨使用具体思路来组织讨论。譬如，在“早餐计划”中，分析某一篇文章对教师来说轻车熟路，但是运用思路指导小组讨论有助于确保互动的平稳有序进行。

思路

本书的第二部分详细介绍了各种不同的思路，在讲解每条思路时均配有“研究案例”用以帮助读者理解。这些案例是对思路应用方法的探索，旨在寻求一种有效的结合方式从而促进个人学习。然而，若想了解思路与课堂教学的具体结合方式（即教学模式），仅凭这些简单的事例还远远不够，因此我们希望本章介绍的这三个案例能够满足读者的需求。丽莎向我们展示了如何将具体思路融入绘画反思之中从而指导整个学年的课程，她认真记录了学生思想的变化情况，结果学生发现了一套专门用于画图和反思的思考模式。

一般而言，思路一旦确定，那么教师和学生在应用过程中就几乎不需要指导。第四次会议时，参与“早餐计划”的教师都已熟练掌握了思路的使用方法，能够游刃有余地组织讨论，而指导时间的减少无形中就增加了讨论时间。当然，教师更希望看到学生自主思考能力的提高，不过这一点在达拉的案例中并不明显。她带领学生参观纽约现代艺术博物馆时，只有90分钟的教学时间，因此学生并没有足够的时间研究每条思路。“思考—分组—分享”是学生十分熟悉的一条思路，于是达拉便将它融入教学之中。此外，她还用到了“你为什么这样认为”，因为它是一个容易被学生接受和理解的问题。经过几次训练，学生不需要指导也能够自觉提问并论证、分析自己的观点。可以肯定的是，对于简单的思路，即使时间有限学生也能很快掌握。不过，思路旨在提高个人的思考能力，鉴于此思考的独立性非常重要，故而教师并不希望学生总是运用过于简单或缺乏变通的思路。

第八章

教学心得和笔记

实现学生思维透明化存在一定的挑战性。本书中我们已经提供了一些思考方法（如记录、倾听和提问），另外还有一些特殊的工具（如思路的使用）能够帮助教师克服这些困难。同时，“研究案例”为读者清楚地展示了每条思路的应用方法，强调思考氛围的重要作用。在这种语境下，思考理应得到重视和推进，从而使思考过程清晰可辨。总而言之，每章提及的案例都是为了突出思路对指导教学实践的重要作用。然而，身为作者假如我们既否认实施过程的困难和潜在的问题，又不能为其他教育工作者提供有益经验，那我们也不见得有多负责任。最后一章主要涉及我们在这个领域的教学心得和笔记。当然，这并不是劝诫故事，因而只呈现了复杂教学过程中可能出现的一些具有共性的问题，甚至包括一些必要的碰撞。在制订学习计划时，必须清楚了解哪些部分会使你偏离学习轨道，同时设定自己的学习路径。另外，不妨观察他人面对相同问题时的处理方法，从中借鉴经验指导我们的学习过程。

首先，我们来看两个案例。在这两个案例中，教师真正学会了使用从我们的研究中总结出的思路：马克·丘奇试图在六年级数学课上实现学生思维透明化、萨隆妮·布卢姆则试图在九年级历史课上营造一种思考氛围。这两个案例主要强调教师如何处理学生对思路的反应，最初使用思路分析问题时，学生的答案相对肤浅，并不能反映深层次的思考内容。同时，以上两个案例验证了思路对思考氛围构建以及促进教师合作的作用，从而为教师和学生提供了参考和借鉴。多年来，它已经帮助了成百上千名教师和学生。最后，我们总结并列举了教师在教学过程中使用思路作为实现学生思维透明化的工具应当注意的问题和挑战。之前我们在介绍“建议”部分时曾简单提及过可能面临的部分挑战，这里我们会再次明确地重申这些问题。由于它们总是重复出现，因而需要进一步的验证和讨论。作为专业教师，为协调教学过程的共同难点，我们制定了一套速记法，包括“便利贴狂热”“今日特色”“《杀死一只知更鸟》综合征”“‘任务表’抹杀了思考”和“从单一到主线思维”，等等。这与早期探险者在地图上用“这里有龙”标记潜在的危险性质是一致的，我们用这些题目来帮助你标记思维透明化的路线。

数学课堂推行“思维透明化”的挑战性
——马克·丘奇的案例

2003年，由瑞典卡尔佩基金会资助的“思维透明化”项目扩展到欧洲的三所国际学校，其中包括阿姆斯特丹国际学校。它是一所涵盖了从幼儿园到高中，容纳来自45个国家的900多名学生的国际学校，其中超过60%的学生的母语不是英语。这种语言和文化的多样性营造了一个十分有趣的教学环境：学生们需要学习不同的思维方式，掌握不同思考氛围的发展状况。由于国际学校学生的频繁流动性，校园文化和课堂文化总是不断产生相应变化，而教师也清楚意识到无论教学实践多好，对很多学生来说都有可能十分陌生。

2003~2004学年的10月，八名老师一致同意将我们研究出的一套思路与教学过程相结合，定期开会讨论思路对教学的适用性。马克·丘奇是该小组的成员之一，他是一个有着12年教学经验的资深教师，已在阿姆斯特丹国际学校任教五年。马克大学所修专业是小学教育，然而他对数学的强烈爱好引领他走进了中学数学的教学课堂。在阿姆斯特丹国际学校，马克被公认为是“理解教学”专业发展的领头人以及执行“全国数学教师委员会”（NCTM）标准的带头人（全国数学教师委员会，1989）。参与计划的第一年，马克运用这些思路教授了六年级数学的两章内容和七、八年级数学的各一章内容。马克的班级属于学生水平参差不齐的标准班，使用的是国际文凭中学项目关联数学系列丛书。

起初，马克对“联系—拓展—挑战”这一思路很感兴趣，认为它有助于加深学生对当前学习的“隐藏和扩展”板块的理解和认识。马克认为六年级的学生已然可以应对这三个步骤，因为关联数学明确将“应用、联系和扩展（ACE）”看作支撑每个单元学习内容的根本。不过，马克仍然好奇这一思路如何指导学生思考数学问题以及哪种思考方法不必通过“应用、联系和扩展”模式展现出来。同时，他还指出：“尽管我承认建立联系对学生的学习过程起一定作用，不过我并不认为它需要备受关注——比如简要说明某一数学问题和现实世界的关系。”

首次使用这一思路时，马克绘制了一张三栏任务表，分别为联系、拓展和挑战。然后，他把任务表分发给学生，让他们进行一项为期三天、亲身体验的几何调查。调查中，学生需要尽可能地运用所给材料调查狗笼大小，可随时改变表格大小和固定周长。提及这项调查的目的时，马克指出他希望学生利用“联系—拓展—挑战”记录表深入探究各项调查之间存在的相关性，而不是仅仅报告问题的答案或对调查的态度（如赞成、不赞成）。

马克本以为学生在填写“正确”那一栏时可以不费吹灰之力，然而学生的反应完全在他的意料之外。例如，很多学生回答“狗笼问题和我们之前做过的碰碰车调查一样，都涉及面积和周长”。但是，这种联系并没有给马克特别大的冲击，“就好像我们未能给学生教学指导”，马克回忆道。尽管学生的答案充斥着这种简单联系，马克仍然发现部分学生的想法值得提倡。譬如，马克曾无意中听到某些学生提及设计狗笼与设计雨棚（固定的面积，改变周长）的道理是相通的，而调查最后他们却发现了这两者之间的不同。

马克将学生对“联系—拓展—挑战”的看法带到了每周一次的学习小组上与同事分享讨论。分析学生的答案时，学习小组发现一些学生对问题的联想远远超出了马克的要求。其中一名学生写道：“展示雨棚地面的设计方案时，我们发现设计的形状越集中，则周长越小。”尽管在所有收集到的“联系—拓展—挑战”反应中，这类回答少之又少，但是马克仍然坚信并不是只有学习成绩好的学生才能想出这种答案。马克和学习小组不禁想到：“如何让思路适用于能力不同的学生，引导他们做出具有价值的回答，并在班里进行讨论呢？”

在进一步考察后，马克和学习小组又遇到了一个根本性的难题，那就是究竟哪种联系有助于提高学生的理解力。此外，学习小组还期望找到深化联系、拓展思路的方法。因此，尽管这一思路的适用对象是六年级数学课学生，但这个与教育学息息相关的问题对组内所有的老师来说都很重要。作为研究者，我们在其他的语境下也反复遇见此类情形。尽管六年级的数学老师、十二年级的英语老师和一名幼儿园老师乍看上去并不存在共同之处，但是事实证明当学生的思考和发展成为教师讨论的中心议题时（而不是陈述或评价），这些联系则以共同目标的形式将教师绑系在一起。此外，一旦一位老师使用了一条思路并在某种程度上反映了学生的思考过程，那么就会出现一系列连锁反应，使得其他老师也产生相同的愿望，从而尝试某条他们本以为不适合教学内容或学生学习的思路。

从马克的案例中我们可以看出，尽管具体思路包含的步骤简单明晰，但是教师仍然应当考察学生使用该思路后答案的质量和深度，从而确保学生认真对待教学活动。通常教师可以向学生提供答案样例并表达自己的教学期望，调动学生的积极性，使之深入思考问题。第一次使用“联系—拓展—挑战”时，马克提出了这样一个问题：“假如学生通过比较看似简单和相对复杂的联系，从而发现了它们之间的不同，能否在一定程度上加深他们对话题的理解呢？”虽然马克的学生熟悉如何建立“联系”，但是仍然有必要提供样例和模型来引导学生，使联系更加具体。这是思路本身所不能提供的，同时也是教师在应用过程中必须实现的目标。经过反复训练和讨论，马克和学生最终可以掌握有价值的联系的真正含义。

学生对于“拓展”和“挑战”部分的回应同样能够体现语言的深层含义。马克和同事注意到“拓展”一栏中，许多学生指出，如果没有扩展想法的硬性要求，那么他们能在调查中“学到很多知识”，还有学生这一栏是空白的。不过，另一部分学生表示，此前他们并不知晓即使周长固定，面积也存在多种变化，因而思维得到了扩展。有一名学生的提问比较有趣，他的问题是：假如栅栏不以米丈量，情况会有什么不同？即，如果栅栏不被分成一段一段，还有其他可能的围法吗？这个问题反映了学生思想的跳跃。同时，他迫切地想知道假如在全班同学面前提出这个问题并提供答案样例，学生的思维会有怎样的拓展。最终，学习小组得出结论：实现学生思维透明化的部分方法为学生听取他人意见、借鉴他人观点提供了机会，而马克不妨在班里提出以上问题引导学生进一步探究。

在“挑战”这一栏，很多学生都反映“没什么困难”或“这项调查没什么能难倒我的地方，该理解的我已全部掌握”。马克为此询问同事：“为什么学生面对‘挑战’时，会自动提及‘难’这个字眼呢？学生是否把挑战当作不好的事情？就像他们有的会说，‘假如学习之于我是一场挑战，那么是否说明作为学习者我的能力不足，因为我原本应当觉得容易才对啊？’”

马克最初之所以被“联系—拓展—挑战”吸引是因为他认为这条思路与他的部分教学目标相符。事实上，他一开始所认为清晰可辨的——联系、拓展进而发现挑战，却并非想象中的那么明确。因此，教师应当为学生分析思路步骤并提供样例以供参考。马克这样总结道：“学生似乎没能如我想象的一般真正地进行有意义的联系。与其说他们执行了‘联系—拓展—挑战’这一思路的要求,不如说他们是完成了‘寻找匹配性’‘报告学到的知识’和‘分析任务难易’的工作。我原本以为在每栏上方标注‘联系’‘拓展’和‘挑战’有助于学生深入思考问题，因而最终得到的答案也应当与现在截然不同。”这使得学习小组不得不重新思考，除了语言欠缺和模型缺失之外，还有什么因素可能妨碍学生的思考过程或阻碍思维透明化进程。

学习小组对马克继续研究这一思路起到了支持和鼓励作用。学生答案中存在的问题并没有击垮马克，反而对他是一种激励。其他没有同事支持的教师假如在研究这条思路时遇到了困难，那么很可能会因为失望就放弃了，“根本没用，就这样吧。”但是，马克却认为其中一定还有值得开发、探究的内容，同时他还想知道假如自己放开头脑，创新思考，这条思路能给他和学生带来什么惊喜。

于是，马克决定放弃三栏式表格的这种分析方法，转而关注运用“联系—拓展—挑战”这条思路时教学语言和师生互动的特点。马克曾表示：

“三栏式表格本身不存在任何问题，但是学生可能会误认为这只是为完成分配任务而从事的另一项工作而已。我希望‘联系’有它自己的特色，从而确保学生在调查结束后能够认识到它的价值和重要性。”之后，马克决定将“联系—拓展—挑战”包含的特殊语言融入到教学过程之中。例如，在分配任务时，他会对学生说：“今天进行这项调查时，我希望你们可以在完成规定任务的基础上，把它与我们最近做的调查联系起来，进而发现其中的新信息。那么这项调查又是如何拓展你们之前对这个问题的认识呢？”

一开始，马克把“联系—拓展—挑战”的步骤写在白板的某个角落用以提醒自己之后向学生提问。偶尔，他也会中断讲课询问学生：“你们现在注意到什么？它与我们之前遇到的问题有什么相似之处？你们能发现什么新信息，是否存在不同？”有时，他也会趁着学生给他看作业的工夫或者检查小组成果时有意提问这类问题。

长此以往，这类提问便自然而然地出现在了马克与学生的互动之中，“经过多次训练，我们不再觉得被动或尴尬……学生的答案深深地吸引着我的注意力，有时候甚至整节课学生都妙语连珠。学生学会了联系其他问题或之前的调查做出回答，其中包括现在的调查任务与之前发现的问题之间存在的联系，这让我十分欣喜。每当这时，我都会打断小组讨论，‘我发现很多小组回答时都能联系上周的问题，这点值得表扬，反过来这说明上周的理论也通过本周的实践得到了证实。不过，有没有哪个小组发现了这个问题的其他方面呢？能否为上周的理论提供崭新的视角呢？希望你们此次做调查时能够考虑这个问题。’”

临近期末时，马克又会回到三栏式列表的分析方法，偶尔用它给学生布置作业。不过，通过频繁的课堂互动，此时学生对“联系—拓展—挑战”的步骤早已谙熟于心，同时思维更加活跃，答案也随之变得丰富。

教师为学生提供答案样例，有助于学生掌握思路的每个步骤并提高他们使用“联系—拓展—挑战”时的自主性，这一点在马克后来的实验中得到了证实。马克邀请了一位代课老师帮他布置作业，要求学生运用“联系—拓展—挑战”分析问题，但是却没有提供任何指导。可第二天上课时，学生却准备了很多观点用来讨论，这表明“联系—拓展—挑战”已经真正实现了与马克课堂教学的融合。

期末，当我们对马克的班级进行观察时，学生已经能够熟练地使用“联系—拓展—挑战”深入思考问题、阐述观点。我们经常听到学生评论说自己的思维被“拓展”、被“挑战”或他们能够构建某条“联系”。另外一个显著的变化，则出现在学生对“拓展”和“挑战”的应答中。回顾最初使用“联系—拓展—挑战”时，只有一名学生在回应“拓展”时提出了问题，而大多数学生被问到“挑战”时都说“这项调查没什么地方能难倒我”。经过反复练习和思维透明化实验，“拓展”和“挑战”已经深深融入学生的意识当中，成为他们提问的固定思路。学生反应的转变能够呈现他们对思路的熟悉程度以及不同的反应类型，同时这也表明学生正处于学习信息内化的进程中，即提问不仅为学习提供了动力而且也是学习的结果。学习不再意味着简单收集信息，而意味着揭示概念的复杂性。

学生自发构建联系，表明他们一方面在学习思路，另一方面则以自己的方式思考问题。经过长时间的观察，马克注意到学生各方面的能力都有了较大提高，同时更愿意寻找事物之间的联系，探究其中蕴涵的价值。另外，根据他的教学评价，我们还发现学生一直在为自己创造联系的机会。总而言之，“联系—拓展—挑战”思路的使用增强了学生联系的倾向、能力和意识。

内容＋思路＋学生＝思考氛围
——萨隆妮·布卢姆的案例

经过数星期的介绍，“观察—思考—怀疑（STW）”这一思路已经在比亚力克大学这所位于澳大利亚墨尔本市郊、拥有1000名学生的私立学校得到了推广，此外这所学校也是“思考氛围”项目的赞助者。从中学生在科学课上通过卫星地图学习星球知识到小学一年级的学生探究根据博物馆仿制品绘制而成的画像，从高中生通过政治漫画来研究卡特里娜飓风在美国的影响，到二年级的学生通过图片来了解动物的栖息地，比亚力克学校的教师发现这种教学方式使课程内容变得更加丰富，也更容易为学生所接受。一方面，“观察—思考—怀疑”能够得到教师和学生的普遍接受；另一方面它还有助于指导一项课题研究。“观察—思考—怀疑”一般通过视觉刺激使学生近距离地观察并记录他们所看到的事物；只有在这些观察的基础上，学生才能够分析解释他们思考的内容，之后学生会提出问题并“怀疑”他们之前的观察和解释。

“观察—思考—怀疑”这一思路之所以有如此吸引力并能在校园中快速传播，一部分原因取决于它对学生探索意识的充分调动。正如一名教师所说的那样：“‘观察—思考—怀疑’让学生有一种安全感，因此他们都愿意表达自己的想法。”在教师眼中，这一思路有助于激发学生的自我学习意识，这一点对于成绩优异和成绩相对较差的学生同样适用，“我非常愿意看到那些平时沉默寡言的学生也参与热烈的讨论，给自己一个展示的机会。”另一位教师说：“‘观察—思考—怀疑’能够呈现所有人的思维方式，尤其是那些喜欢自我挑战的孩子。”不过，我们研究小组还发现，由于“观察—思考—怀疑”这一思路易于操作而且参与度高，有时仅被当作一项活动。在这种情况下，学生会很快感到厌倦，无法积极主动地观察、解释并提出问题，容易导致思维的钝化。

高中历史教师萨隆妮·布卢姆运用“观察—思考—怀疑”指导她两个学年的课程，她的案例有助于我们更好地理解这一思路的功效、意义以及对教学的影响。六年来，萨隆妮一直为比亚力克学院七至九年级的学生教授历史课，尽管她全身心地投入到教学之中，但方式却不是她喜欢的。与其他的中学老师那样（比亚力克那时并没有独立的中学），穿梭于各个教室之间却没有一片属于自己的领域。因此，记录学生对艺术品的讨论内容反倒成了一种挑战，这不得不让萨隆妮寻找方便学生自己记录的办法。最近她打算减少课业量，以便学生有充分的时间回顾过去，从而直观地感受小组和个人的进步。萨隆妮发现“观察—思考—怀疑”这一思路十分适用于历史教学，她表示：“我非常喜欢‘观察—思考—怀疑’，它既容易掌握又适合历史教学。我可以在课堂上给学生展示许多图片，例如政治漫画。”

最初使用“观察—思考—怀疑”进行教学时，萨隆妮邀请学生一起参与教学：“我对学生非常诚实，告诉他们自己学习的内容，建议他们尝试，我从不掩饰自己的想法，因为孩子具备判断力。”即使事情不像她想象中的那样顺利，她也能坦然接受，她说：“我通过尝试的方法学习思路。假如试验的效果不好，我会把结果诚实地告诉学生，然后再试一次。学生都很喜欢这种方式，因为这让他们有一种被平等对待的感觉。当我犯了错误的时候，我也会勇敢地承认。”

萨隆妮第二次运用“观察—思考—怀疑”来教授九年级的学生时，她向全班同学展示了一幅1959年澳大利亚《公报》（*The Bulletin*）刊登的政治漫画。这是一幅略微扭曲的东半球地图，右下角能看到澳大利亚北部领土和昆士兰州。在地图上靠近莫斯科的地方镶嵌着一张蜘蛛网，上面有一只背部刻着字母“C”的大蜘蛛。蜘蛛网覆盖了东欧和亚洲的大部分地区，一角甚至伸向了澳洲，而一群人则被困在蜘蛛网里。萨隆妮选择这幅漫画的原因是学生之前曾学过冷战相关知识，而冷战的政治武器包括宣传、恐吓等。同时，这个班级的同学懂得如何分析漫画而且之前也接受过“观察—思考—怀疑”的培训。

萨隆妮将复印好的漫画发给每位学生，并附上一张表格，上面有这四个问题：

观察：你在图画中看到了什么？

思考：你认为这是什么意思？

解释：你为什么这样认为？

怀疑：对于你所观察到的内容，还有什么疑惑吗？

“解释”这一栏的设置并不是要修改思路，而是为了让原有思路更加明晰。即等学生口头回答原有问题后，再加入“你为什么这样认为”，这样就把思考和解释两个环节联系起来了。许多教师发现针对阐释和解释进行简单提问，有助于帮助他们更好地理解学生的想法，同时增进课堂讨论。之后，萨隆妮将学生对以上四个问题的答案清晰地列在表格中，这张表格记录的只是学生的观点，用以促进课堂讨论的开展，因而不应作为评分的依据。

萨隆妮将学生分为两人一组，留给他们10分钟的时间观察这幅漫画并记录答案，之后将全班同学聚集起来讨论漫画的象征意义与内涵。一名学生告诉萨隆妮，她看到“澳大利亚在图片的一个角落里”，而漫画的寓意是“澳大利亚遭到围困”，另一名学生则认为这幅漫画象征着“澳大利亚正在被社会主义的大网袭击”。听到学生的这两种回答后，她紧接着又问：“你为什么这样认为？”两位同学的依据是漫画中蜘蛛网的一角已经接触到了澳大利亚领土的一端，而班上其他学生也持有类似观点。然后，萨隆妮要求学生根据已有的观察和思考，探究对于这张漫画存在的疑问，讨论随之展开。学生提出了“澳大利亚有共产党人吗”“澳大利亚如何回应这幅漫画”“这种围困是真的存在，还是仅作为一种宣传手段”等一系列问题，这为日后深入讨论准备了丰富的素材。

剩余的时间里，课堂讨论也是在这种节奏下进行的。由于这是一张意义明确的图片，大部分学生的观察内容和做出的解释都很相似。不过，当他们论证自己的解释或提出深层次的疑问时，答案则更加多元化。为什么漫画画了一只蜘蛛？怎样阻止蜘蛛网的蔓延？它如何改变人们的意识形态？为什么只有一只蜘蛛？蜘蛛想得到什么？通过回答以上问题，学生能够意识到提问对于推动学习、揭示复杂问题大有裨益。

经过仔细思考，萨隆妮意识到“观察—思考—怀疑”对她教学方法而不是教学内容的影响，她指出：“这种分析漫画和思路的方式与以往大为不同。过去我习惯于一开始就识别画面中包含的所有信息，但现在这成了分析的最后一步。”萨隆妮还发现“观察—思考—怀疑”不仅改变了课堂讨论的方式而且说明了一个问题,即学习有时也是一项小组活动,“如今讨论的内容越来越多，我组织讨论的方式也做出了相应改变。以前总是听到学生的观点再让他们去解释，而现在的讨论更加开放自由、结构性更强，这种结构赋予了我们更多的自由”。在谈到“观察—思考—怀疑”的结构时，萨隆妮补充道：“学生将观察看作第一步，就会更加客观地看待问题，不会急于下结论，这有助于他们深入研究某一主题。此外，‘怀疑’给了学生更多的发言机会，因而与观察和思考同等重要。”

更为重要的是，“观察—思考—怀疑”等相关思路的使用改变了萨隆妮看待学生的方式，她说道：“过去，基于学生作业完成情况、传统意义上的理解能力与分析技巧，我有时会很快给某名学生打上一个不好的标签，而我眼中优秀聪明的学生总能很快理解问题而不是提出问题。但是今年我却惊喜地发现原本印象中成绩差的学生也大放光彩，这全都是因为‘观察—思考—怀疑’给了他们一个组织、表达自己想法的机会。”为了更好地解释自己的观点，萨隆妮举了一个具体的例子：“有这样一名学生，他的读写和拼写能力糟糕、理解力有限，教师给他提供一些帮助他才能克服学习上的困难，但整体表现平庸。不过，听了他的回答后，我发现他对世界和政治的见解令人吃惊。这名学生不仅了解很多这方面的知识，而且总是有意识地培养自己对周围世界的认知能力。由于课堂教学通常只涉及大众化的知识，因此他自然显得很平庸；不过在自我发展与塑造方面，他远胜于其他同学。这是我第一次意识到这名学生的‘思考深度’，也正是‘观察—思考—怀疑’的教学模式才让我发现了他的优秀之处。在给家长的学生报告册中，我更多地使用深层次思考、复杂的思维过程、逐步弱化的自我意识等措辞描述学生，因为我确确实实看到了学生的变化，因而这样评价并不为过。”

萨隆妮从“观察—思考—怀疑”这一思路中也吸取了一定的经验教训，比如思路并不是简单的课程而是适应教学内容与学生需求的一种结构框架。萨隆妮的九年级学生之前曾经接触过“观察—思考—怀疑”，因此当萨隆妮给他们展示2005年12月澳大利亚科罗纳暴乱的图片时，她本以为学生可以很自然地把自己的想法与图片相结合，但是结果完全出乎她的意料，“课后我仔细检查了他们的记录本，令我失望的是学生的思路很狭窄，完全没有打开”。她发现学生存在的一个问题是，要么解释整张图片，要么只提及图片的某一部分（如打架、旗帜或游行队伍），他们并没有仔细描述图片的细节。不过，这种情况并不罕见，尤其是在大家都已经知道图片内容的情况下。譬如，观察一张墨西哥湾石油泄漏的图片或者一幅熟悉的画作，学生往往很难跳出原有的认识层面发现新的信息，除非付出额外的努力。另外，假如学生总是根据原有认识解释问题而不尝试突破的话，他们就无法获得进步。基于上述原因，在运用“观察—思考—

怀疑”这一思路时，模棱两可的图像往往能起到更好的效果。当然，这并不是说熟悉的图片不能用，而是指在分析熟悉的图片时，需要做一些额外的准备和讨论。

第二天，萨隆妮给学生解释了整体观察的问题，并要求他们运用“观察—思考—怀疑”重新分析这张图片，不过这次需要格外注意画面的细节。她建议学生用硬板纸做一个简易的取景器，以供观察之用。同时，她给学生做了示范，有了取景器，学生只能观察到图片的一部分。观察图片细节而不是整张图片有助于学生发现新视角，探究图片的新含义。这张图片就与之前探讨过的冷战照片形成了鲜明对比，由于学生对此并不熟悉，因此不需要做额外工作。

如何找到内容、思路与学生之间的相关性十分重要。所有教学思路的根本目的都是让学生更好地理解课程内容、提高他们思维能力并揭示学生的思维过程。正如萨隆妮说的那样，“看到思路与课堂教学的有机结合是对我最大的褒奖，课下偶尔听到学生交流观点也很振奋人心，而最令我兴奋的莫过于听到学生的想法，因为它与学生的思维最接近。”总而言之，思路是一种容器，里面饱含有趣且有意义的内容。正如一只花瓶支撑着一束花，思路则支撑着我们探索知识。不过，花瓶并不想剥夺花束的色彩，因而只提供支持作用，不作他想。因此，思路支撑教学内容并引导我们紧紧加以把握。内容不丰实，思路再好也没用，就像脆弱的花束无法因为美丽的花瓶而绽放光彩一样。

案例揭示的思路应用方法

马克和萨隆妮的案例形象地说明了思路对课堂氛围的塑造作用。要知道，思路绝不仅仅意味着培养学生的能力或鼓励学生参与有趣的活动。

通过对思路的反复运用，教师能够发现对学生有益的思考材料，从而传递有关思考与学习本质的信息，主要观点如下：

1. 学习是思考的结果。

2. 学习既需要集思广益也是一种个人行为。

3. 学习在本质上是暂时、递增和不断变化的。

4. 学习意味着不断质疑，它旨在揭示思想的复杂性。

5. 学习是一个需要主动参与的过程。

以上信息说明学习足以转变现存的学校和课堂教学模式。一方面，它能够指导学生提高自主学习能力；另一方面，它有利于老师重新认识学生的身份，把他们看作思维缜密、积极参与的学习者。

然而，仅凭一系列简单的步骤并不能实现上述转变，它需要充裕的时间和谨慎全面的思考。教师应着手建构一种思考方法，从而实现学生思维发散，其中思考内容包括联系意味着什么、如何引导学生深入观察等，从而有利于学生做出更为深刻的回应。教师在课堂上开发出用于思考的语言模式，揭开了思考的神秘面纱，使其清晰地呈现于学生面前。教师运用思路考察思维问题，有助于他们逐步了解学生的观点和想法。在这一过程中，教师意识到若想评估学生的理解能力，必须首先将其思维过程具体呈现出来。一般而言，思路秉持一条自我持续发展的道路，应用于教学后得到的反馈对教师和学生来说都是一种激励。久而久之，课堂思路变得越来越明晰，经过多次应用最终能够形成固定的思维模式，从而有效地指导学生学习知识和方法。

思路应用的发展阶段

马克和萨隆妮是与我们一起工作的教师中具有代表性的两位，他们的案例说明：营造思考氛围和实现学生思维透明化并不只意味着将思路融入单元学习之中；相反地，由于这是一个持续发展的过程，因而随着时间推移，教师和学生对学习的期望和想法会不断变化和加深。马克和萨隆妮通过定期参与研究和学习小组，很大程度上促进了自身学习并增加了教学经验。这些小组由专业教师组成，属于真正意义上的研究小组（尽管我们并没有贴上这样的标签），他们定期会面、相互支持并借鉴经验。每周例会上都有一位小组成员负责展示在某一思路指导下学生作业的完成情况，整个小组则通过“观察学生思维（LAST）计划表”（参见表8.1）对学生的作业进行系统讨论。尽管这些小组在讨论过程中也学习思路的使用方法，但是这并非他们的主要目的，因为这些思路只是一些工具，用来探索实现学生思维透明化的复杂性。

我们研究小组将这样一批教师定为研究对象：他们将思路与教学实践相结合从而为实现学生思维透明化而努力。经过一段时间的个案研究和课堂观察，我们能够识别教师和学生使用思路时所需经历的一般阶段。当然，由于教师的想法各不相同，每组学生的能力也参差不齐，因而这些阶段只表示一般的趋势，包含极富代表性的教学案例（不包括具体固定的教学模型）。然而，在思路的使用过程中，它们能够辅助有效跟踪、识别教师和学生的变化情况。一般而言，教师应首先确定自己和学生对某些行为的预期，这样承担风险时会相对轻松一些，也不会过于苛求完美。另外，这些阶段还有助于教师和学生不断要求自己，实现思维的持续深化。

起始准备：初级阶段

教师首次尝试将某一思路与课堂教学相结合时，最常用的方法就是先将思路看作一项独立活动，然后制订好计划并循序渐进地展开（以上方法适用于试验任何新事物）。其次，教师需要了解思路本身及其最初表现形式。许多教师为了熟悉思路的每个步骤和常规用语，不得不严格遵守思路的既定模式。一般而言，最初合作时这一点值得提倡。如果一开始变动太大，那么就难以判断可能出现的问题和困难并从中吸取教训。在马克的案例中，最初他不过是改变了常规用语，但在之后的教学过程中，却容易错失与学生一起探讨语言和思维模式重要性的机会。

学生初次接触思路时，往往不知道自己该想什么又该做什么。从某种程度上来说，思路是从学生参与的具有代表性的学校活动中分离出来的，因而具有预期性。学习表格可以被看作一个已知量，学生通常在上面填写答案以供教师评定对错。被迫思考问题或提供答案并不符合思路的要求，不过一些急于取悦教师、害怕出错或担心自己表现不够优秀的学生有时会选择上述方法。这使得部分学生常常因为怯场而沉默不语，直到外界给出指示他们才能做出回应；而另外一些学生则会给出狭隘、肤浅或过于简单的回答，正如马克的学生第一次尝试“联系—拓展—挑战（CEC）”时的反应一样。当然，还会有学生好奇“我们为什么要这样做”，提出这种问题只能说明他们并未注意到班级教学活动与知识积累之间的关系。尤其是那些已经熟悉教学活动的高年级学生，他们只期望得到有价值的信息和答案用以准备考试。

经过教师指导，最初常见的反应能够得到部分（至少一半）缓和。例如，对教师而言，确立思路目标、确保学生掌握思路从而提高自我和小组理解力的方法远比在课堂上讲解思路要有效得多。另外，教师应当试验素材对思路的适用性从而观察思路如何发挥作用以及思路的参考价值。假如某一思路未能实现预期效果，那么这很可能是由于配套材料的挑战性和激励性不足而引起的。然而，仅通过提前规划并不能规避最初面临的全部挑战，正如马克和萨隆妮的案例所展示的那样，有时学生给出的答案缺乏深度，无法揭示深层次的想法。在这种情况下，教师需要对学生的反应状况进行分析。假如同事愿助其一臂之力，那么他们就能够顺利推进学生的思考过程。因而，这种短暂的迷惘应当被看作实现学生思维透明化所必然经历的一部分，并不等同于教师、学生或是思路本身的失败。

运用自如：发展阶段

学生和教师一旦接触了某条思路并逐渐运用自如，紧接着就想要创新使用方法。教师在专业小组中相互交流运用思路的心得能够极大促进其方法的创新。在这一阶段中，教师能够普遍发现自己观点的变化：从一开始将思路看作一项活动，到将其视为一种有助于内容探讨和加强有针对性的理解的工具。此时，最为常见的说法是，“过去我时常思考使用什么思路开始这一单元的教学计划，而现在这种思考则变成了期望学生运用哪种具体思维并选择一种思路来支撑该思维的发展。表面上看起来这种变化并不明显，但其意义无疑是深刻而巨大的。因而，现在我脑海中总能出现学生的思维。”为实现这一目标，教师有时会对思路加以适当修改，用以理解学生的想法；而学生在学习如何运用思路的过程中，也能够得益于思路的改进。

对学生而言，更多地接触和运用思路有助于他们意识到独立思考的必要性和重要性，使自信心日渐增强；反过来，一旦学生具备了这种自信心，在处理思路方面将拥有更大的自主性，同时思考深度也能得到不断加强。教师坚持运用思路来揭示学生的思维过程，继而培养和发展这种有效的思维形式，有利于学生逐步感受到教师对自己表达内容的兴趣，最终的回应也将大大超出教师的预期值。这样一来，学生通常能够将教师感兴趣的内容反映给班级其他同学。久而久之，随着学生对课堂归属感的逐步产生，一种思考氛围便开始生根发芽。

自信在握：高级阶段

实践和反思有助于培养自信心。尝试使用一条新思路好比学习一项新的运动项目、锻炼计划或烹饪技术，最初感觉生疏、尴尬，但是经过反复练习，技术会越来越灵活敏捷。在这个高级阶段，教师常常产生一种主人翁意识，将思路与自己的教学过程完美结合起来。正如我们在前几章的“研究案例”部分呈现的那样，有时教师不得不修改并适应思路以期满足自己的教学需要和目标。另外，教师总能不自觉地感受到思考氛围的其他影响因素不断在课堂上发挥作用（参见第七章）。例如，当教师开始反复回顾思路的表现形式时，他就会意识到语言、时间和互动对塑造课堂话语的意义；而研究课堂记录时，教师就会发现模型和环境在课堂教学过程中发挥的重要作用。一旦将思路与创造性教学融合，那么教师的期望值就会成为课堂教学的驱动力。因此，尽管思路是教学的起点，但只有当教师的关注点由“我如何使用这些思路”转变为“我如何营造一种良好的课堂思考氛围”，教学目标才能够真正得以实现。

经过反复训练，学生会逐渐感受到教师对思路的所有权意识。事实上，思路最强大的一点就在于它们不仅作为一种课堂模式而存在。思路可以并且理应由学习者个人进行支配，这也就意味着随着教学的深入，学生逐渐能够独立地运用思路来指导自己的学习。例如，比亚力克学院十二年级的教师注意到，学生在为年底举行的维多利亚州教育证书考试做准备时自觉运用了“收集—排序—连接—细化（GSCE）”和“主张—证明—提问（CSQ）”这两种思路；玛丽·凯莉所在的阿姆斯特丹国际学校的六年级科学课上，学生不断建议在课堂上运用思路进一步提高他们的理解力。

常见的陷阱和冲突

教师和学生长期以来处理思路的态度，可以从马克和萨隆妮的故事和前述发展阶段略见一斑。我们研究小组在与其他教师探讨实现学生思维透明化的方法时，把一些常见的陷阱和冲突记录下来，下面我们将就此进行具体说明。当然我们的目的并不是要求大家刻意避免，而是希望教师把它们看作一种正常现象并尽可能地在教学过程中识别出来。如果说现在了解这些陷阱有利于教师时刻警惕的话，那么从长远的眼光来看它们则具有更大的用途和意义。假如把以上观点和方法与实现思维透明化的研究有机结合，那么六个月或一年后重新翻阅这一部分内容时，你可能会对自己遇到的某些挑战产生新的认识，从而深化对问题的理解。

便利贴狂热

参与项目合作的教师总能回想起前些天课堂上展开的激烈讨论：学生边讨论边提出了很多有价值的问题，分享了美妙的想法，然而这些激动人心的学习时刻却随着下课铃响而告一段落。于是，教师很快便意识到，学生思维透明化的实现不仅能够保持课堂话语的丰富性，而且有助于学生了解在特定学习语境下思考的重要性。要求学生把自己注意到的联系写在便利贴上贴在教室前面的表格里，或者将一张归纳自己观点的纸条钉在教室的公告栏内，这都是教师为实现课堂教学的思维透明化所做出的努力。

教师一旦对学生的思维产生兴趣，那么把握学生的观点、想法或联系的这种欲望就会暗暗萌生。结果，教室到处都布满了便利贴。许多参与研究的教师都承认，起初他们对便利贴存在一种过度依赖心理，只有当教师开始意识到其中存在的问题，并反问自己“我为什么要把教室变成档案馆，记录学生在课堂上提出的重要观点”，这种对便利贴的狂热追求才能得到遏制。教师不再需要把墙上贴满纸条，只需问问自己：“究竟怎样的想法和思维有助于加深学生对话题的理解，方便我引导学生进行调整和补充，甚至改变或舍弃某些原有想法？”玛丽·贝斯·史密斯在数学课上运用“主张—证明—提问（CSQ）”引导学生掌握数学证明技巧以及克莱尔·泰格劳尔将“拔河”的思路融入中学语言艺术课这两个案例，正是教师把握并展示学生想法，从而组织、整理和巩固课堂教学的典型代表。

今日特色

很多教师在运用我们介绍的某些思路指导课堂教学并取得初步成果后，都会跃跃欲试地想把所有思路验证一遍，这种想法无可厚非；就像一旦学生学会深入联系、发现复杂问题或进行有趣的调查时，教师也会变得无比兴奋一样。“我还可以尝试哪些思路”成了教师研究的动力，于是他们逐渐习惯每天尝试一条不同的思路。然而，每天都更换一种思路会让学生觉得十分疲惫。读者不妨参考第六章“你为什么这样认为”的“研究案例”部分，玫琳凯·阿切尔老师最初就犯了过度使用思路的错误。

不少教师都习惯于根据一个既定情境寻找需要的思维方式，而不是从思维的角度出发考察问题。例如，某一情境要求学生寻找事物之间的关联性，那么联系的方法再合适不过了；或者在课堂教学语境下学生需要把握某一观点的核心内容，那么抓住概念的本质是最为恰当的途径。菜单的“今日特色”每天都会推陈出新，但是教师使用的思路却不能日日更换，而是应当努力使不断变化的认知行为模式和自己期望的思维形式成为课堂教学的一部分。不过，最初教师的确需要尝试，一方面这有助于他们了解各个思路的步骤、流程和目的，另一方面在之后的教学过程中他们能够拥有更多的选择。当教师的问题从“我应当使用哪条思路”转变为“在这一语境下哪种思维方式更合适”时，这说明他们的想法发生了重大变化。同时，这也意味着教师的关注点由思路的使用向哪种思维方式更为重要转移，此时，思路才算真正成为支撑思维的工具。

《杀死一只知更鸟》综合征

参与研究项目的教师经常遇到的另一个难题是如何选择与特定思路相适应的分析素材。几年前，我们曾与纽约一位热衷于营造课堂思考氛围的高中教师一起工作，当时，他的学生正在阅读哈波·李的代表作《杀死一只知更鸟》（*To Kill a Mockingbird*），然后他在互联网上搜索了在同名电影中饰演阿拉巴马州一位律师阿蒂克斯·芬奇的格里高利·派克的一些影像资料。当学生观看投影仪上派克的电影形象时，这位老师选择了“观察—思考—怀疑（STW）”的思路启发学生。

他问学生：“你们看到或注意到了什么？”而学生的回答各式各样，例如：一个人，一个白人，一顶帽子，法庭内部，楼上楼下，楼下坐的全是白人，楼厅坐的全是黑人，等等。尽管学生的回答并不深刻，但是这位教师仍尽职尽责地把答案都记录了下来，期望学生面对下一个步骤时能够进行更为深入的思考。

他接着问：“你们认为图片里发生了什么事情？”学生们面面相觑，沉默不语。最后，有一个学生回答道：“嗯，就是杀死一只知更鸟。”我们这位同事停顿了一下又问：“你为什么这样认为？”这名学生停顿了一会儿才回答：“因为我看到的画面就是这样。”他的声音里明显带有一种“这本来就显而易见”的语气。

尽管有点受挫，但这位老师并不愿就此放弃，于是他接着提问：“那么你有什么疑问吗？”不过，他并不确定学生能否理解自己的意思。学生们以一种沮丧又略带质疑的语气回答道：“我们想知道图片画的是不是杀死一只知更鸟。”

教学很明显陷入了僵局：学生未能提出任何有助于深入理解文学或主题思想的独特见解、发现或想法。当然，哈波·李的这部小说本身内容复杂、寓意深刻，学生短时间内不能吃透也情有可原，因此这并不完全是学生的责任。尽管这位教师的意图高尚，但是仅凭一张图片不足以激发学生观察、思考和反思的灵感。况且，从作品中直接选择的这个场景形象过于明显，与其说使用“观察—思考—反思”分析这张图片，倒不如让学生“看图猜故事”或“猜猜看你是否正确”。总而言之，学生无法根据这张图片联想到作品折射出的更深刻的主题，例如偏见、隔离、不公正等。

以上案例存在的问题有：一、解读文本的目标不清晰；二、思路对应的分析素材没有研究价值，不能作为深化学生思考的工具。因此，将教师遇到的这种陷阱称作“《杀死一只知更鸟》综合征”恰如其分。假如教师希望营造一种良好的课堂思考氛围，那么他们不仅要有意识地选择恰当的思路，而且理应学会挑选与思路配套的内容。在教学实践过程中，许多教师都意识到，缺乏分析价值的素材很难激发或诱导学生产生丰富的联想。

随着对“红黄灯（RLYL）”法则越来越熟悉，塔米·兰茨逐渐意识到如果学生阅读的文章或研究的材料包含值得质疑、探讨的立场和观点，那么使用“红黄灯”法则能够极大地丰富课堂语言。相反，若材料或文章缺乏分析视角，即使是“红黄灯”法则也无法改变现状。正如玛丽·贝斯·史密斯老师阐述的那样：比起直观简单的数学模型，从多元推理的数学问题出发，更适合引导学生表达自己的最初想法。

“任务表”抹杀了思考

课堂似乎存在某种无形的力量将教学推向任务表：多数教师认为制定任务表很有必要。也许正是这一原因导致学校长久以来都把学习看成紧张的工作，而不能给予学生充分的信任去完成任务。同时，又因为对每一项学习任务进行批阅、评估和报告而产生的压力，使教师想要借助实体工具来验证学习或工作的开展情况。不论上述力量能否发挥作用，我们曾不止一次地看到教师在运用思路时制定与之相匹配的任务表。虽然本书和思维透明化网站上均查询不到任何与任务表相关的详细说明，我们也从未向参与研究的教师介绍过将任务表与思路相结合的应用方法，但是这种情况依旧发生了。

我们之所以不建议使用任务表，主要是因为思路的目的是提高学生的参与度以及围绕素材展开讨论，正如第七章所阐述的那样：“互动”是影响教学和思考氛围的关键因素，同时它能够对学习起促进作用。然而，一旦开始填写任务表，就意味着互动次数相应地有所减少，那么教学重心也会向完成任务表而非学习倾斜。例如，要求学生记录自己关于“观察—思考—怀疑（STW）”的回答并不利于学生倾听、借鉴他人的想法。此外，学生在分析图像时经常发现需要观察的内容实在太多，因此他们边整理边叹气：“我们需要写多少东西啊！”我们曾见过学生使用任务表分析“观察—思考—怀疑”思路的情景，其中每张表格都至少包含五项“观察”、三项“思考”和一项“怀疑”。我们能够明显看出这些任务表涉及的思考项目并不多，不过这一点也不足为奇，因为“任务表抹杀了思考”。

当然，这并不是说记录个人的思考内容毫无价值，不过记录表和任务表之间存在较大差别。对学生而言，记录表是对他们想法的跟踪，方便他们之后回顾。另外，第五章介绍“收集—排序—连接—细化（GSCE）”

思路时，我们曾提及拉维·格雷瓦尔老师的案例，她要求学生使用记录表整理自己的观点。事实上，这种类型的思路的确需要记录，“颜色—符号—图像（CSI）”也大同小异。在上述几个案例中，你能够发现学生倾听、借鉴他人观点的行为。相反的，任务表一般是由教师负责填写，这样任务表之于学生就是学习目标而非思考本身。任务表和记录表看似一样，但在学习和思考的效果上存在很大差异，因此两者并不难以区别。

从单一到主线思维

教师遇到的最后一个难题是：如何利用思路将学习任务串联起来，形成一个完整的情节向学生展示，而不是作为一项项孤立的活动。正如过去的电视节目总习惯于将连续的节目分成数集单独播出，参与研究的许多教师也纷纷表示之前他们的课堂活动也是彼此分离的板块：首先分配某一任务，其次学生不懈努力，然后任务结束，之后总结归纳，最后课程顺利完成。第二天，教师又会给学生安排另一项学习任务，与前一天或之后的内容毫无关联。换而言之，学习表现为一项项活动和一个个板块，而教师则把时间和精力都花在营造活动的趣味性上，用以吸引学生的注意力，从而确保学生有所收获。

思路一旦成为课堂文化的固定组成部分，教师就需要转变每天利用零碎学习时间的观念，从而引导学生寻找话题包含的彼此关联的故事，部分教师则尝试借鉴近年来电视节目重新改版后使用的方法。不过，系列节目在网络电视节目表中仍有固定的播出时间，其中涉及的各种故事也依旧保持每期一集的编排风格，主要变化在于突出了故事框架或观点脉络，这样在每一集故事中不同的人物发挥不同的作用从而确保了故事的完整性。教师在与学生共同探讨话题包含的重要观点时，开始精心设计思路的使用方法，力求紧随故事情节的主线，而不像之前那样展示几乎毫无关联的孤立事件。

第五章我们介绍“联系—拓展—挑战（CEC）”思路时，曾提及乔什·海斯勒老师引导学生归纳整理“种族和社会成员”这一话题与社会达尔文主义的复杂性和争议性，两者均是根据已有课程设置寻求复杂而相互关联的故事主线的典范。课堂上，学生通过阅读小说、观看视频和互联网研究，最终以随笔和论文的形式呈现自己的观点。乔什发现通过运用“联系—拓展—挑战”思路，沿着重要观点的主线能够把学生的思维巧妙地串联起来，之后再使用“归纳”和“过去我认为……但现在我认为……”的思路总结整理学生的想法。正如许多同我们一起工作的教师那样，乔什认为之所以他教学的目的性强主要在于他能够不断引导学生探索思想的复杂性，而不是把话题拆解成单一孤立的板块，按部就班地学习。

结　语

总而言之，学习是一个最为自然却也最为复杂的过程。尽管我们尊重这一过程的复杂性和差异性，有时甚至令自己不知所措，但是等到学习真正展现于眼前时，我们显得既惊讶又兴奋。由此我们可以看出实现学生思维透明化的重要性和必要性：它为我们提供了一个深入探究学习过程的平台。通过运用本书介绍的各种工具（如提问、倾听、记录和计划表），身为教育者的我们能够有效促进学生的思考和学习。不过，我们需谨记一点，本书所提供的策略也仅作为一种工具，它们与其他工具一样，必须在适宜的语境下利用熟练的技巧才能最大限度地发挥作用。

你一旦踏上思维透明化的旅程，就能从其他教师的案例中获得灵感和启发，同时能够意识到其他人也有相似的经历——对新的教学工具在摸索中熟练掌握和按照“尝试—反馈—再试验”的思路试验新的教学活动。

允许自己犯错，并从学生身上吸取教训，找到志同道合的同事分享自己的心得和正在从事的教学实践。思维透明化的每一次成功尝试都会自然而然地成为下一次教学活动的跳板，这有助于构建学习主线，串联单一孤立的活动。有鉴于此，教师不妨循序渐进地开展工作，一步一个脚印，从小处着手、大处着眼，推进学生深层次的学习和理解。这样一来，你会发现实现思维的可视化和价值性就成为顺理成章的事情，同时会对课堂教学产生积极意义。

表8.1　观察学生思维（LAST）计划表

角色	任务
报告人 主持人 记录员	负责提供用来讨论的学生作业，聆听讨论，最后做出回答； 负责控制时间，每个环节进行引导性提问，必要时重新定位讨论内容； 负责记录小组讨论内容。
1. 展示作业 （5分钟）	● 报告人负责设置任务语境、目标和要求。 ● 自我提问用以帮助自己理解和翻阅学生作业。
2. 翻阅作业 （5~10分钟）	● 默读作业。 ● 为之后的评论做好记录。 ● 根据计划表的不同阶段对自己的注解进行分类。
3. 描述作业 （5分钟）	● 你看到了什么？ ● 相互指出作业的全部特点。 ● 直接指明即可，不需要分析解释。

续表

角色	任务
4. 推断学生思考过程 （10分钟）	● 作业的哪个部分体现了学生的思考过程？ ● 分析解释作业的特点。 ● 联系不同的思考类型和思考角度。
5. 提问 （10分钟）	● 你认为学生的作业存在什么问题？ ● 准备问题（包括宽泛和具体的两类）。 ● 探究深层问题，例如，不要问“完成作业花了多长时间”，而应说“这令我想到完成作业需要花费的时间问题”。 （注：报告人此时不必回答以上问题。）
6. 讨论教学启示 （10分钟）	● 下一步应该如何利用作业拓展学生思维并让他们相互借鉴对方观点？ ● 给报告人提供实际建议以及备选方案。 ● 每人阐述几条学生作业给予他们的教学启示，考虑如何进一步加强学生思考。
7. 报告人回应讨论 （5分钟）	● 作为报告人，听了这些讨论后你有什么收获？ ● 强调你认为讨论有趣和值得借鉴之处。 ● 根据其他教师提出的问题，从中挑选你认为重要的部分并给予回应。 ● 简要说明你认为现在应当如何处理学生的作业。

续表

角色	任务
8. 反思回应 （5分钟）	● 你对此次讨论有什么看法? ● 简要阐述你发现的问题。 ● 与上次比较，分析此次使用计划表进行讨论的进步和变化。 ● 提出改进意见。
9. 致谢	● 肯定小组每一位成员的工作。 ● 决定如何分析、使用和保存此次会议记录。 ● 确定下次会议的人员任务。

“常青藤”书系—中青文教师用书总目录

	书名	书号	定价
	特别推荐——从优秀到卓越系列		
★	从优秀教师到卓越教师：极具影响力的日常教学策略	9787515312378	33.80
★	从优秀教学到卓越教学：让学生专注学习的最实用教学指南	9787515324227	39.90
★	从优秀学校到卓越学校：他们的校长在哪些方面做得更好	9787515325637	59.90
★	卓越课堂管理（中国教育新闻网2015年度“影响教师的100本书”）	9787515331362	88.00
	名师新经典/教育名著		
	最难的问题不在考试中：先别教答案，带学生自己找到想问的事	9787515365930	48.00
	在芬兰中小学课堂观摩研修的365日	9787515363608	49.00
★	马文·柯林斯的教育之道：通往卓越教育的路径（《中国教育报》2019年度“教师喜爱的100本书”，中国教育新闻网“影响教师的100本书”。朱永新作序，李希贵力荐）	9787515355122	49.80
★	如何当好一名学校中层：快速提升中层能力、成就优秀学校的31个高效策略	9787515346519	49.00
★	像冠军一样教学：引领学生走向卓越的62个教学诀窍	9787515343488	49.00
	像冠军一样教学 2：引领教师掌握62个教学诀窍的实操手册与教学资源	9787515352022	68.00
★	如何成为高效能教师	9787515301747	89.00
★	给教师的101条建议（第三版）（《中国教育报》“最佳图书”奖）	9787515342665	49.00
★	改善学生课堂表现的50个方法（入选《中国教育报》“影响教师的100本书”）	9787500693536	33.00
	改善学生课堂表现的50个方法操作指南：小技巧获得大改变	9787515334783	39.00
	美国中小学世界历史读本 / 世界地理读本 / 艺术史读本	9787515317397等	106.00
	美国语文读本1-6	9787515314624等	252.70
	和优秀教师一起读苏霍姆林斯基	9787500698401	27.00
	快速破解60个日常教学难题	9787515339320	39.90
★	美国最好的中学是怎样的——让孩子成为学习高手的乐园	9787515344713	28.00
	建立以学习共同体为导向的师生关系：让教育的复杂问题变得简单	9787515353449	33.80
	教师成长/专业素养		
	如何更积极地教学	9787515369594	49.00
	教师的专业成长与评价性思考：专业主义如何影响和改变教育	9787515369143	49.90
	精益教育与可见的学习：如何用更精简的教学实现更好的学习成果	9787515368672	59.00
	教学这件事：感动几代人的教师专业成长指南	9787515367910	49.00
	如何更快地变得更好：新教师90天培训计划	9787515365824	59.90
	让每个孩子都发光：赋能学生成长、促进教师发展的KIPP学校教育模式	9787515366852	59.00
	60秒教师专业发展指南：给教师的239个持续成长建议	9787515366739	59.90
	通过积极的师生关系提升学生成绩：给教师的行动清单	9787515356877	49.00
	卓越教师工具包：帮你顺利度过从教的前5年	9787515361345	49.00
★	可见的学习与深度学习：最大化学生的技能、意志力和兴奋感	9787515361116	45.00
	学生教给我的17件重要的事：带给你爱、勇气、坚持与创意的人生课堂	9787515361208	39.80
★	教师如何持续学习与精进	9787515361109	39.00
	从实习教师到优秀教师	9787515358673	39.90
	像领袖一样教学：改变学生命运，使学生变得更好（中国教育新闻网2015年度“影响教师的100本书”）	9787515355375	49.00
★	你的第一年：新教师如何生存和发展	9787515351599	33.80
	教师精力管理：让教师高效教学，学生自主学习	9787515349169	39.90
	如何使学生成为优秀的思考者和学习者：哈佛大学教育学院课堂思考解决方案	9787515348155	49.90
	反思性教学：一个已被证明能让教师做到更好的培训项目（30周年纪念版）	9787515347837	59.90
★	凭什么让学生服你：极具影响力的日常教育策略（中国教育新闻网2017年度“影响教师的100本书”）	9787515347554	39.90
	运用积极心理学提高学生成绩（中国教育新闻网2017年度“影响教师的100本书”）	9787515345680	59.90
	可见的学习与思维教学：成长型思维教学的54个教学资源：教学资源版	9787515354743	36.00

书名	书号	定价
★ 可见的学习与思维教学：让教学对学生可见，让学习对教师可见（中国教育报2017年度“教师最喜爱的100本书”）	9787515345000	39.90
教学是一段旅程：成长为卓越教师你一定要知道的事	9787515344478	39.00
安奈特·布鲁肖写给教师的101首诗	9787515340982	35.00
万人迷老师养成宝典学习指南	9787515340784	28.00
中小学教师职业道德培训手册：师德的定义、养成与评估	9787515340777	32.00
成为顶尖教师的10项修炼（中国教育新闻网2015年度“影响教师的100本书”）	9787515334066	49.90
★ T. E. T. 教师效能训练：一个已被证明能让所有年龄学生做到最好的培训项目（30周年纪念版）（中国教育新闻网2015年度“影响教师的100本书”）	9787515332284	49.00
教学需要打破常规：全世界最受欢迎的创意教学法（中国教育新闻网2015年度“影响教师的100本书”）	9787515331591	45.00
给幼儿教师的100个创意：幼儿园班级设计与管理	9787515330310	39.90
给小学教师的100个创意：发展思维能力	9787515327402	29.00
给中学教师的100个创意： 如何激发学生的天赋和特长 / 杰出的教学 / 快速改善学生课堂表现	9787515330723等	87.90
以学生为中心的翻转教学11法	9787515328386	29.00
如何使教师保持职业激情	9787515305868	29.00
★ 如何培训高效能教师：来自全美权威教师培训项目的建议	9787515324685	39.90
良好教学效果的12试金石：每天都需要专注的事情清单	9787515326283	29.90
★ 让每个学生主动参与学习的37个技巧	9787515320526	45.00
给教师的40堂培训课：教师学习与发展的最佳实操手册	9787515352787	39.90
提高学生学习效率的9种教学方法	9787515310954	27.80
★ 优秀教师的课堂艺术：唤醒快乐积极的教学技能手册	9787515342719	26.00
★ 万人迷老师养成宝典（第2版）（入选《中国教育报》“2010年影响教师的100本书”）	9787515342702	39.00
高效能教师的9个习惯	9787500699316	26.00
课堂教学/课堂管理		
好的教学是设计出来的：一套详细、先进、实用的卓越课堂设计和实施方案	9787515370705	49.00
翻转课堂与差异化教学：以学生为中心的课内翻转教学法	9787515370590	49.00
精益备课法：在课堂上少做多得的实用方法	9787515370088	49.00
记忆教学法：利用记忆在课堂上建立深入和持久的学习	9787515370095	49.00
动机教学法：利用学习动机科学来提高课堂上的注意力和努力	9787515370101	49.00
★ 课堂上的提问逻辑：更深度、更系统地促进学生的学习与思考	9787515369983	49.90
可见的教学影响力：系统地执行可见的学习5D深度教学	9787515369624	59.00
极简课堂管理法：给教师的18个精进课堂管理的建议	9787515369600	49.00
★ 像行为管理大师一样管理你的课堂：给教师的课堂行为管理解决方案	9787515368108	59.00
差异化教学与个性化教学：未来多元课堂的智慧教学解决方案	9787515367095	49.90
如何设计线上教学细节：快速提升线上课程在线率和课堂学习参与度	9787515365886	49.00
设计型学习法：教学与学习的重新构想	9787515366982	59.00
让学习真正在课堂上发生：基于学习状态、高度参与、课堂生态的深度教学	9787515366975	49.00
让教师变得更好的75个方法：用更少的压力获得更快的成功	9787515365831	49.00
技术如何改变教学：使用课堂技术创造令人兴奋的学习体验，并让学生对学习记忆深刻	9787515366661	49.00
课堂上的问题形成技术：老师怎样做，学生才会提出好的问题	9787515366401	45.00
翻转课堂与项目式学习	9787515365817	45.00
★ 优秀教师一定要知道的19件事：回答教师核心素养问题，解读为什么要向优秀者看齐	9787515366630	39.00
从作业设计开始的30个创意教学法：运用互动反馈循环实现深度学习	9787515366364	59.00
基于课堂中精准理解的教学设计	9787515365909	49.00
如何创建培养自主学习者的课堂管理系统	9787515365879	49.00
如何设计深度学习的课堂：引导学生学习的176个教学工具	9787515366715	49.90
如何提高课堂创意与参与度：每个教师都可以使用的178个教学工具	9787515365763	49.90

	书名	书号	定价
	如何激活学生思维：激励学生学习与思考的187个教学工具	9787515365770	49.90
	男孩不难教：男孩学业、态度、行为问题的新解决方案	9787515364827	49.00
★	高度参与的线上线下融合式教学设计：极具影响力的备课、上课、练习、评价项目教学法	9787515364438	49.00
★	跨学科项目式教学：通过"+1"教学法进行计划、管理和评估	9787515361086	49.00
	课堂上最重要的56件事	9787515360775	35.00
★	全脑教学与游戏教学法	9787515360690	39.00
★	深度教学：运用苏格拉底式提问法有效开展备课设计和课堂教学	9787515360591	49.90
★	一看就会的课堂设计：三个步骤快速构建完整的课堂管理体系	9787515360584	39.90
	如何有效激发学生学习兴趣	9787515360577	38.00
	如何解决课堂上最关键的9个问题	9787515360195	49.00
	多元智能教学法：挖掘每一个学生的最大潜能	9787515359885	39.90
★	探究式教学：让学生学会思考的四个步骤	9787515359496	39.00
	课堂提问的技术与艺术	9787515358925	49.00
	如何在课堂上实现卓越的教与学	9787515358321	49.00
	基于学习风格的差异化教学	9787515358437	39.90
★	如何在课堂上提问：好问题胜过好答案	9787515358253	39.00
★	高度参与的课堂：提高学生专注力的沉浸式教学	9787515357522	39.90
	让学习变得有趣	9787515357782	39.00
★	如何利用学校网络进行项目式学习和个性化学习	9787515357591	39.90
	基于问题导向的互动式、启发式与探究式课堂教学法	9787515356792	49.00
	如何在课堂中使用讨论：引导学生讨论式学习的60种课堂活动	9787515357027	38.00
	如何在课堂中使用差异化教学	9787515357010	39.90
★	如何在课堂中培养成长型思维	9787515356754	39.90
	每一位教师都是领导者：重新定义教学领导力	9787515356518	39.90
★	教室里的1-2-3魔法教学：美国广泛使用的从学前到八年级的有效课堂纪律管理	9787515355986	39.90
	如何在课堂中使用布卢姆教育目标分类法	9787515355658	39.00
	如何在课堂上使用学习评估	9787515355597	39.00
	7天建立行之有效的课堂管理系统：以学生为中心的分层式正面管教	9787515355269	29.90
	积极课堂：如何更好地解决课堂纪律与学生的冲突	9787515354590	38.00
	设计智慧课堂：培养学生一生受用的学习习惯与思维方式	9787515352770	39.00
	追求学习结果的88个经典教学设计：轻松打造学生积极参与的互动课堂	9787515353524	39.00
	从备课开始的100个课堂活动设计：创造积极课堂环境和学习乐趣的教师工具包	9787515353432	33.80
	老师怎么教，学生才能记得住	9787515353067	48.00
	多维互动式课堂管理：50个行之有效的方法助你事半功倍	9787515353395	39.80
	智能课堂设计清单：帮助教师建立一套规范程序和做事方法	9787515352985	49.90
	提升学生小组合作学习的56个策略：让学生变得专注、自信、会学习	9787515352954	29.90
	快速处理学生行为问题的52个方法：让学生变得自律、专注、爱学习	9787515352428	39.00
	王牌教学法：罗恩·克拉克学校的创意课堂	9787515352145	39.80
	让学生快速融入课堂的88个趣味游戏：让上课变得新颖、紧凑、有成效	9787515351889	39.00
★	如何调动与激励学生：唤醒每个内在学习者（李希贵校长推荐全校教师研读）	9787515350448	39.80
	合作学习技能35课：培养学生的协作能力和未来竞争力	9787515340524	59.00
	基于课程标准的STEM教学设计：有趣有料有效的STEM跨学科培养教学方案	9787515349879	68.00
	如何设计教学细节：好课堂是设计出来的	9787515349152	39.00
	15秒课堂管理法：让上课变得有料、有趣、有秩序	9787515348490	49.00
	混合式教学：技术工具辅助教学实操手册	9787515347073	39.80
	从备课开始的50个创意教学法	9787515346618	39.00
	中学生实现成绩突破的40个引导方法	9787515345192	33.00
	给小学教师的100个简单的科学实验创意	9787515342481	39.00

书名	书号	定价
老师如何提问，学生才会思考	9787515341217	49.00
教师如何提高学生小组合作学习效率	9787515340340	39.00
卓越教师的200条教学策略	9787515340401	49.90
中小学生执行力训练手册：教出高效、专注、有自信的学生	9787515335384	49.90
从课堂开始的创客教育：培养每一位学生的创造能力	9787515342047	33.00
提高学生学习专注力的8个方法：打造深度学习课堂	9787515333557	35.00
改善学生学习态度的58个建议	9787515324067	36.00
★ 全脑教学（中国教育新闻网2015年度“影响教师的100本书”）	9787515323169	38.00
★ 全脑教学与成长型思维教学：提高学生学习力的92个课堂游戏	9787515349466	39.00
★ 哈佛大学教育学院思维训练课：让学生学会思考的20个方法	9787515325101	59.90
完美结束一堂课的35个好创意	9787515325163	28.00
如何更好地教学：优秀教师一定要知道的事	9787515324609	49.90
带着目的教与学	9787515323978	39.90
★ 美国中小学生社会技能课程与活动（学前阶段/1-3年级/4-6年级/7-12年级）	9787515322537等	215.70
彻底走出教学误区：开启轻松智能课堂管理的45个方法	9787515322285	28.00
破解问题学生的行为密码：如何教好焦虑、逆反、孤僻、暴躁、早熟的学生	9787515322292	36.00
13个教学难题解决手册	9787515320502	28.00
★ 让学生爱上学习的165个课堂游戏	9787515319032	59.00
美国学生游戏与素质训练手册：培养孩子合作、自尊、沟通、情商的103种教育游戏	9787515325156	49.00
老师怎么说，学生才会听	9787515312057	39.00
快乐教学：如何让学生积极与你互动（入选《中国教育报》“影响教师的100本书”）	9787500696087	29.00
★ 老师怎么教，学生才会提问	9787515317410	29.00
★ 快速改善课堂纪律的75个方法	9787515313665	39.90
★ 教学可以很简单：高效能教师轻松教学7法	9787515314457	39.00
★ 好老师可以避免的20个课堂错误（入选《中国教育报》“影响教师的100本图书”）	9787500688785	39.90
★ 好老师应对课堂挑战的25个方法（《给教师的101条建议》作者新书）	9787500699378	25.00
★ 好老师激励后进生的21个课堂技巧	9787515311838	39.80
★ 开始和结束一堂课的50个好创意	9787515312071	29.80
好老师因材施教的12个方法（美国著名教师伊莉莎白“好老师”三部曲）	9787500694847	22.00
★ 如何打造高效能课堂	9787500680666	29.00
合理有据的教师评价：课堂评估衡量学生进步	9787515330815	29.00
班主任工作/德育		
30年班主任，我没干够（《凭什么让学生服你》姊妹篇）	9787515370569	59.00
★ 北京四中8班的教育奇迹	9787515321608	36.00
★ 师德教育培训手册	9787515326627	29.80
★ 好老师征服后进生的14堂课（美国著名教师伊莉莎白“好老师”三部曲）	9787500693819	39.90
优秀班主任的50条建议：师德教育感动读本（《中国教育报》专题推荐）	9787515305752	23.00
学校管理/校长领导力		
★ 哈佛大学教育学院学校创新管理课	9787515369389	59.90
如何构建积极型学校	9787515368818	49.90
卓越课堂的50个关键问题	9787515366678	39.00
如何培育卓越教师：给学校管理者的行动清单	9787515357034	39.00
★ 学校管理最重要的48件事	9787515361055	39.80
重新设计学习和教学空间：设计利于活动、游戏、学习、创造的学习环境	9787515360447	49.90
重新设计一所好学校：简单、合理、多样化地解构和重塑现有学习空间和学校环境	9787515356129	49.00
让樱花绽放英华	9787515355603	79.00
学校管理者平衡时间和精力的21个方法	9787515349886	29.90
校长引导中层和教师思考的50个问题	9787515349176	29.00
如何定义、评估和改变学校文化	9787515340371	29.80
优秀校长一定要做的18件事（入选《中国教育报》“2009年影响教师的100本书”）	9787515342733	39.90

	书名	书号	定价
	学科教学/教科研		
	精读三国演义20讲：读写与思辨能力提升之道	9787515369785	59.90
	中学古文观止50讲：文言文阅读能力提升之道	9787515366555	59.90
	完美英语备课法：用更短时间和更少材料让学生高度参与的100个课堂游戏	9787515366524	49.00
	人大附中整本书阅读取胜之道：让阅读与作文双赢	9787515364636	59.90
	北京四中语文课：千古文章	9787515360973	59.00
	北京四中语文课：亲近经典	9787515360980	59.00
	从备课开始的56个英语创意教学：快速从小白老师到名师高手	9787515359878	49.90
	美国学生写作技能训练	9787515355979	39.90
	《道德经》妙解、导读与分享（诵读版）	9787515351407	49.00
	京沪穗江浙名校名师联手教你：如何写好中考作文	9787515356570	49.90
	京沪穗江浙名校名师联手授课：如何写好高考作文	9787515356686	49.80
★	人大附中中考作文取胜之道	9787515345567	59.90
★	人大附中高考作文取胜之道	9787515320694	49.90
★	人大附中学生这样学语文：走近经典名著	9787515328959	49.90
	四界语文（入选《中国教育报》2017年度“教师喜爱的100本书”）	9787515348483	49.00
	让小学一年级孩子爱上阅读的40个方法	9787515307589	39.90
	让学生爱上数学的48个游戏	9787515326207	26.00
	轻松100课教会孩子阅读英文	9787515338781	88.00
	情商教育/心理咨询		
	如何防止校园霸凌：帮助孩子自信、有韧性和坚强成长的实用工具	9787515370156	59.90
	连接课：与中小学学科课程并重的一门课	9787515370613	49.90
	给大人的关于儿童青少年情绪与行为问题的应对指南	9787515366418	89.90
	教师焦点解决方案：运用焦点解决方案管理学生情绪与行为	9787515369471	49.90
	9节课，教你读懂孩子：妙解亲子教育、青春期教育、隔代教育难题	9787515351056	39.80
★	学生版盖洛普优势识别器（独一无二的优势测量工具）	9787515350387	169.00
	与孩子好好说话（获“美国国家育儿出版物（NAPPA）金奖”）	9787515350370	39.80
	中小学心理教师的10项修炼	9787515309347	36.00
★	别和青春期的孩子较劲（增订版）（入选《中国教育报》“2009年影响教师的100本书”）	9787515343075	39.90
★	100条让孩子胜出的社交规则	9787515327648	28.00
	守护孩子安全一定要知道的17个方法	9787515326405	32.00
	幼儿园/学前教育		
	幼儿园室内区域活动书：107个有趣的学习游戏活动	9787515369778	59.90
	幼儿园户外区域活动书：106个有趣的学习游戏活动	9787515369761	59.90
	中挪学前教育合作式学习：经验·对话·反思	9787515364858	79.00
	幼小衔接听读能力课	9787515364643	33.00
	用蒙台梭利教育法开启0~6岁男孩潜能	9787515361222	45.00
	德国幼儿的自我表达课：不是孩子爱闹情绪，是她/他想说却不会说！	9787515359458	59.00
	德国幼儿教育成功的秘密：近距离体验德国学前教育理念与幼儿园日常活动安排	9787515359465	49.80
	美国儿童自然拼读启蒙课：至关重要的早期阅读训练系统	9787515351933	49.80
	幼儿园30个大主题活动精选：让工作更轻松的整合技巧	9787515339627	39.80
★	美国幼儿教育活动大百科：3-6岁儿童学习与发展指南用书 科学 / 艺术 / 健康与语言 / 社会	9787515324265等	600.00
	蒙台梭利早期教育法：3-6岁儿童发展指南（理论版）	9787515322544	29.80
	蒙台梭利儿童教育手册：3-6岁儿童发展指南（实践版）	9787515307664	33.00
★	自由地学习：华德福的幼儿园教育	9787515328300	49.90
	教育主张/教育视野		
	重新定义教育：为核心素养而教，为生存能力而学	9787515369945	59.90
	重新定义学习：如何设计未来学校与引领未来学习	9787515367484	49.90
	教育新思维：帮助孩子达成目标的实战教学法	9787515365848	49.00
★	教学是如何发生的：关于教学与教师效能的开创性研究及其实践意义	9787515370323	59.90

	书名	书号	定价
★	学习是如何发生的：教育心理学中的开创性研究及其实践意义	9787515366531	59.90
	父母不应该错过的犹太人育儿法	9787515365688	59.00
	如何在线教学：教师在智能教育新形态下的生存与发展	9787515365855	49.00
	正向养育：黑幼龙的慢养哲学	9787515365671	39.90
	颠覆教育的人：蒙台梭利传	9787515365572	59.90
	如何科学地帮助孩子学习：每个父母都应知道的77项教育知识	9787515368092	59.00
	学习的科学：每位教师都应知道的99项教育研究成果（升级版）	9787515368078	59.90
	学习的科学：每位教师都应知道的77项教育研究成果	9787515364094	59.00
	真实性学习：如何设计体验式、情境式、主动式的学习课堂	9787515363769	49.00
	哈佛前1%的秘密（俞敏洪、成甲、姚梅林、张梅玲推荐）	9787515363349	59.90
	基于七个习惯的自我领导力教育设计：让学校育人更有道，让学生自育更有根	9787515362809	69.00
	终身学习：让学生在未来拥有不可替代的决胜力	9787515360560	49.90
	颠覆性思维：为什么我们的阅读方式很重要	9787515360393	39.90
	如何教学生阅读与思考：每位教师都需要的阅读训练手册	9787515359472	39.00
	成长型教师：如何持续提升教师成长力、影响力与教育力	9787515368689	48.00
	教出阅读力	9787515352800	39.90
	为学生赋能：当学生自己掌控学习时，会发生什么	9787515352848	33.00
★	如何用设计思维创意教学：风靡全球的创造力培养方法	9787515352367	39.80
	如何发现孩子：实践蒙台梭利解放天性的趣味游戏	9787515325750	32.00
	如何学习：用更短的时间达到更佳效果和更好成绩	9787515349084	49.00
	教师和家长共同培养卓越学生的10个策略	9787515331355	27.00
★	如何阅读：一个已被证实的低投入高回报的学习方法	9787515346847	39.00
★	芬兰教育全球第一的秘密（钻石版）（《中国教育报》等主流媒体专题推荐）	9787515359922	59.00
	培养终身学习能力和习惯的芬兰教育：成就每一个学生，拥有适应未来的核心素养和必备技能	9787515370415	59.00
★	杰出青少年的7个习惯（精英版）	9787515342672	39.00
	杰出青少年的7个习惯（成长版）	9787515335155	29.00
★	杰出青少年的6个决定（领袖版）（全国优秀出版物奖）	9787515342658	49.90
★	7个习惯教出优秀学生（第2版）（全球畅销书《高效能人士的七个习惯》教师版）	9787515342573	39.90
	学习的科学：如何学习得更好更快（入选中国教育网2016年度“影响教师的100本书”）	9787515341767	39.80
	杰出青少年构建内心世界的5个坐标（中国青少年成长公开课）	9787515314952	59.00
★	跳出教育的盒子（第2版）（美国中小学教学经典畅销书）	9787515344676	35.00
	夏烈教授给高中生的19场讲座	9787515318813	29.90
★	学习之道：美国公认经典学习书	9787515342641	39.00
★	翻转学习：如何更好地实践翻转课堂与慕课教学（中国教育新闻网2015年度“影响教师的100本书”）	9787515334837	32.00
★	翻转课堂与慕课教学：一场正在到来的教育变革	9787515328232	26.00
	翻转课堂与混合式教学：互联网+时代，教育变革的最佳解决方案	9787515349022	29.80
	翻转课堂与深度学习：人工智能时代，以学生为中心的智慧教学	9787515351582	29.80
★	奇迹学校：震撼美国教育界的教学传奇（中国教育新闻网2015年度“影响教师的100本书”）	9787515327044	36.00
★	学校是一段旅程：华德福教师1-8年级教学手记	9787515327945	49.00
★	高效能人士的七个习惯（30周年纪念版）（全球畅销书）	9787515360430	79.00

英国“以学生需求为中心”的
课堂管理 / 教学法系列

风靡全球教育界的“五彩书” | 深受200多万教师推崇和追捧

[英]罗博·普莱文 著

7天成功的课堂管理，
让教与学直接“变现

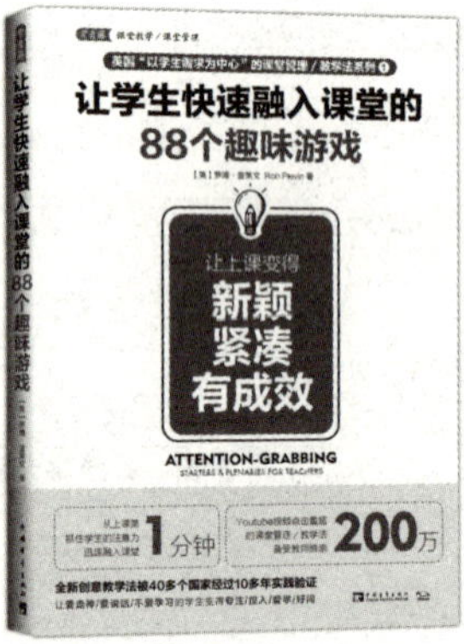

第一分钟抓住注意力，
无聊课堂变“欢乐天堂”

助力小组合作，
掌握持久、可迁移的理解式学习

专治“问题学生”，
课堂管理“行为工具包”

让每1次对话都积极、
互动、有意义，
管理有成效

从备课开始，
到上课、说课、做课，
做一个魔法教师